KUWEI

酷威文化

图书 影视

Souvenirs
Entomologiques

昆　虫　记

Jean-Henri Fabre

［法］让-亨利·法布尔　著

陈筱卿　译

四川文艺出版社

contents 目录

译本序

　　19 世纪末到 20 世纪初，在法国，一位昆虫学家的一本令人耳目一新的书出版了。全书共十卷，长达二三百万字。该书一出版，便立即成为畅销书。该书书名按照法文直译应为《昆虫学回忆录》，但简单通俗地称之为《昆虫记》。该书出版之后，好评如潮。法国著名戏剧家埃德蒙·罗斯丹称赞该书作者时称："这个大学者像哲学家一般地去思考，像艺术家一般地去观察，像诗人一般地去感知和表达。"法国 20 世纪初的著名作家、《约翰·克利斯朵夫》的作者罗曼·罗兰称赞道："他观察之热情耐心、细致入微，令我钦佩，他的书堪称艺术杰作。我几年前就读过他的书，非常喜欢。"英国生物学家达尔文夸赞道："他是无与伦比的观察家。"中国的周作人也说："见到这位'科学诗人'的著作，不禁引起旧事，羡慕有这种好的书看的别国少年，也希望中国有人来做这翻译编纂的事业。"鲁迅先生早在"五四"以前就已经提到过《昆虫记》这本书，想必他看的是日文版。当时法国和国际学术界称赞该书作者为"动物心理学的创始人"。总之，这是一本根据对昆虫的习性、昆虫的生活的详尽而真实的观察写成的不可多得的书。书中所记述的昆虫的习性、生活等等各方面的情况真实可信，而且，作者描述起这些昆虫来文笔精炼、清晰。因此，该书被人们冠以"昆虫的史诗"之美称，作者也被赞誉为"昆虫世界的维吉尔"。

该书作者就是让－亨利·法布尔（1823—1915）。他出身贫苦，一生刻苦勤奋，锐意进取，自学成才，用十二年的时间先后获得业士①、双学士和博士学位。但是，他的这种奋发向上并未获得法国教育界、科学界的权威们的认可，以致一直梦想着能执大学教鞭的法布尔终不能遂其心愿，只好屈就中学的教职，以微薄的薪酬维持一家七口的生活。但法布尔并未因此而气馁消沉，除了兢兢业业地教好书，完成本职工作以外，他还利用业余时间对各种各样的昆虫进行细心的观察研究。他的那股钻劲儿、韧劲儿、孜孜不倦劲儿，简直到了废寝忘食的程度。他对昆虫的那份好奇，那份爱，非常人所能理解。好在他的家人给予了他大力的支持，使他得以埋首于自己的观察研究之中。法布尔对昆虫的研究之深入细致，使他笔下的那些小虫子，一个个活泛起来，活灵活现，栩栩如生，充满着灵性，让人看了之后觉得它们着实可爱，就连一般人所讨厌的食粪虫都让人觉得妙趣横生。

该书堪称鸿篇巨制，既可被视为一部昆虫学的科普书籍，又可被称为描写昆虫的文学巨著，因而，在法布尔晚年时，也就是 1910 年，他曾获得诺贝尔文学奖的提名。《昆虫记》全集本于 1879 年到 1907 年间陆续完成、发表，最后一版发表于 1919 年到 1925 年间。后来，该书便一再地以选本的形式出版发行，冠名为《昆虫的习性》《昆虫的生活》《昆虫的漫步》等。由此可见，该书是多么受到读者的欢迎。

---

① 业士：法国特有的学位，指高中学业结束的学历，相当于大学的入学许可。

我这个译本基本上是独立成篇的，读者既可以从头往下看，也可以先挑选自己最感兴趣的昆虫去看。我劝读者们不妨拨冗一读这本老少咸宜、国内外皆获好评的有趣的书，你一定会从中感觉到它的美妙、朴实、生动。它既可以让你增加有关昆虫方面的知识，又可以让你从中了解到作者的那种散文诗般语言的美妙。与此同时，你也会从书里的字里行间看到作者法布尔的坚忍不拔，看到他那种孜孜不倦，那种求实精神，那种不把事情弄个水落石出、明明白白绝不罢休的感人至深的科学态度和精神。

陈筱卿

荒石园

　　那儿是我情所独钟的地方，是一块不算太大的地方，是我的"钟情宝地"，周围有围墙围着，与公路上的熙来攘往、喧闹沸扬相隔绝，虽说是偏僻荒芜的不毛之地，无人问津，又遭日头的曝晒，但却是刺茎菊科植物和膜翅目昆虫所喜爱的地方。因无人问津，我便可以在那里不受过往行人的打扰，专心一意地对砂泥蜂和石泥蜂等进行艰难的探索。这种探索难度极大，只有通过实验才能完成。我无须在那里耗费时间，伤心劳神地跑来跑去，东寻西觅，不必慌急慌忙地赶来赶去，我只是安排好自己的周密计划，细心地设置下陷阱圈套，然后，每天不断地观察记录所获得的结果。是的，"钟情宝地"，那就是我的夙愿，我的梦想，那就是我一直苦苦追求但每每总难以实现的一个梦想。

　　一个每天都在为每日的生计操劳的人，想要在旷野之中为自己准备一个实验室，实属不易。我四十年如一日，凭借自己顽强的意志力，与贫困潦倒的生活苦斗着，终于有一天，我的心愿得到了满足。这是我孜孜不倦、顽强奋斗的结果，其中的艰苦繁难我在此就不赘述了，反正我的实验室算是有了，尽管它的条件并不十分理想，但是有了它，我就必须拿出点时间来侍弄它。其实，我如同一个苦役犯，身上锁着沉重的锁链，闲暇时间并不太多。但是，愿望实现了，总是好事，只是稍嫌迟了一些，我可爱的小虫子们！我真害怕，到了采摘梨桃瓜果之时，我的牙却啃不动它们了。是的，确实是来晚了点儿：当初那广阔的旷野，而今已变成了低矮的穹庐，令人窒息憋闷，而且还在日益地变低变矮变窄变小。对于往事，除了我已失去的东西以外，我并无丝毫的遗憾，没有任何的愧疚，甚至对我那消逝而去的光阴，而且我对一切都已不再抱有希望了。世态炎凉我已遍尝，体味其深，我已心力交瘁，心灰意冷，我每每会禁不住要问问自己，为了活命，吃尽苦头，是否值得？我此时此刻的心情就是这样。

我放眼四周，只见一片废墟，唯有一堵断墙残垣危立其间。这个断墙残垣因为石灰沙泥浇灌凝固，所以仍然兀立在废墟的中央。它就是我对科学真理的执着追求与热爱的真实写照。啊，我的心灵手巧的膜翅目昆虫啊，我的这份热爱能否让我有资格给你们的故事追加一些描述呀？我会不会心有余而力不足啊？我既然心存这份担忧，为何又把你们抛弃了这么长的时间呢？有一些朋友已经因此而责备我了。啊，请你们去告诉他们，告诉那些既是你们的也是我的朋友们，告诉他们我并不是因为懒惰和健忘才抛弃了你们的；告诉他们我一直惦记着你们；告诉他们我始终深信节腹泥蜂的秘密洞穴中还有许多尚待我们去探索的有趣的秘密；告诉他们飞蝗泥蜂的猎食活动还会向我们提供许多有趣的故事……然而，我缺少时间，又是单枪匹马，孤立无援，无人理睬，何况，我在高谈阔论、纵横捭阖之前，必须先考虑生计的问题。我请你们就这么如实地告诉他们吧，他们是会原谅我的。

还有一些人在指责我，说我用词欠妥，不够严谨，说穿了，就是缺少书卷气，没有学究味儿。他们担心，一部作品让读者读起来容易，不费脑子，那么，该作品就没能表达出真理来。照他们的说法，只有写得晦涩难懂，让人摸不着头脑，那作品才是思想深刻的了。你们这些身上或长着螫针或披着鞘翅的朋友，你们全都过来吧，来替我辩白，替我做证。请你们站出来说一说，我与你们的关系是多么亲密，我是多么耐心细致地观察你们，多么认真严肃地记录下你们的活动。我相信，你们会异口同声地说："是的，他写的东西没有丝毫的言之无物的空洞乏味的套语，没有丝毫不懂装懂、不求甚解的胡诌瞎扯，有的却是准确无误地记录下来的观察到的真情实况，既未胡乱添加，也未挂一漏万。"今后，但凡有人问到你们，请你们就这么回答他们吧。

　　另外，我亲爱的昆虫朋友们，如果因为我对你们的描述没能让人生厌，因而说服不了那帮嗓门儿很大的人的话，那我就会挺身而出，郑重地告诉他们："你们对昆虫是开肠破肚，而我却是让它们活蹦乱跳地生活着，对它们进行观察研究；你们把它们变成又可怕又可怜的东西，而我则是让人们更加喜爱它们；你们是在酷刑室和碎尸间里干活，而我却是在蔚蓝色的天空下，边听着蝉儿欢快地鸣唱边仔细地观察着；你们是使用试剂测试蜂房和原生质，而我则是在它们各种本能得以充分表现时探究它们的本能；你们探索的是死，而我探究的则是生。因此，我完全有资格进一步地表明我的思想：野猪把清泉的水给搅浑了，原本是青年人的一种非常好的专业——博物史，因越分越细，相互隔绝，互不关联，竟至成了一种令人心生厌恶，不愿涉猎的东西。诚然，我是在为学者们而写，是在为将来有一天或多或少地为解决'本能'这一难题做点儿贡献的哲学家们而写，但是，我也是在，而且尤其是在为青年人而写，我真切地希望他们能热爱这门被你们弄得让人恶心的博物史专业。这就是我竭力地坚持真实第一，一丝不苟，绝不采用你们的那种科学性的文学的缘故。你们的那种科学性的文字，说实在的，好像是从休伦人①所使用的土语中借来的。这种情况，并不鲜见。"

然而，此时此刻，我并不想做这些事。我想说的是我长期以来一直魂牵梦萦着的那块计划之中的土地，我一心想着把它变成一座活的昆虫实验室。这块地，我终于在一个荒僻的小村子里寻觅到了。这块地被当地人称为"阿尔玛"，意为"一块除了百里香恣意生长，其他植物几乎没有的荒芜之地"。这块地极其贫瘠，满地乱石，即便辛勤耕耘，也难见成效。春季来临，偶尔带来点雨水，乱石堆中也会长出一点草来，随即引来羊群的光顾。不过，我的阿尔玛，由于乱石之间仍夹杂着一点红土，所以还长过一些作物的。据说从前那儿就长着一些葡萄。的确，为了种上几棵树，我就在地上挖来刨去，偶尔会挖到一些因时间太久而已部分炭化了的实属珍稀的乔本植物的根茎来。于是，我便用唯一可以刨得动这种荒地的农用三齿长柄叉来又刨又挖了。然而，我每每都会感到十分遗憾，据说最早种植的葡萄树没有了，而百里香、薰衣草也没有了。一簇簇的胭脂虫栎也见不着了。这种矮小的胭脂虫栎本可以长成一片矮树林的，它们确实长不高，只要稍微抬高点腿，就可以从它们上面迈过去。这些植物，尤其是百里香和薰衣草，能够为膜翅目昆虫提供它们所需要采集的东西，所以对我十分有用，我不得不把偶尔被我的农用三齿长柄叉刨出来的东西又栽回去。

在这儿大量存在着而又不必我去亲手侍弄的，是那些开始时随着风吹的土粒而来的，尔后又长年积存繁衍起来的植物。最主要的是犬齿草，那是十分讨厌的禾本植物，三年炮火连天、硝烟弥漫的战争都没能让它们灭绝，真是"野火烧不尽，春风吹又

———————————

① 休伦人：17世纪时的北美洲印第安人中的一支。

生"。数量上占第二位的是矢车菊，全都是一副桀骜不驯的样子，浑身长满了刺，或者长满了棘，其中又可分为两至生矢车菊、蒺藜矢车菊、丘陵矢车菊、苦涩矢车菊，而尤以两至生矢车菊数量最多。各种各样的矢车菊相互交织，彼此纠缠，乱糟糟地簇拥在一起，其中可见一种菊科植物，形同枝形大烛台似的支棱着，凶相毕露，被称为西班牙刺，其枝杈末梢长着很大的橘红色花朵，似火焰一般，而其茎则是硬如铁钉。长得比西班牙刺要高的是伊利大翅蓟，它的茎孤零零地"独立寒秋"，笔直硬挺，高达一两米，梢头长着一个硕大的紫红色绒球，它身上所佩带的利器，与西班牙刺相比，毫不逊色。也别忘了，还有刺茎菊科类植物。首先必须提到的是恶蓟，浑身带刺，致使采集者无从下手；第二种是披针蓟，阔叶，叶脉顶端是梭镖状硬尖；最后是越长颜色越黑的染黑蓟，这种植物集缩成一个团，状如插满针刺的玫瑰花结。这些蓟类植物之间的空地上，爬着荆棘的新枝丫，结着淡蓝色的果实，枝条长长的，像是长着刺的绳条。如果想要在这杂乱丛生的荆棘中观察膜翅目昆虫采蜜，就得穿上半高筒长靴，否则腿肚子就会被划得满是条条血丝，又痒又疼。当土壤尚留下春雨所能给予的水分，墒情尚可时，角锥般的刺和大翅蓟细长的新枝丫便会从由两至生矢车菊的黄色头状花序铺就的整块的地毯上生长出来。这时候，在这片荒凉贫瘠的艰苦环境下，这种极具顽强生命力的荆棘必定会展现出它们的某些娇媚来的。四下里矗立着一座座狼牙棒似的金字塔，伊利里亚矢车菊投出它那横七竖八的标枪来。但是，等到干旱的夏日来临时，这儿呈现的是一片枯枝败叶，划根火柴，就会点着整块的土地。这就是我意欲从此永远与我的昆虫们亲密无间地生活的美丽迷人的伊甸园，或者，更确切地说，我一开始拥有这片园子时，它就是这么一座荒石园。我经过了四十年的艰苦努力，顽强奋斗，最终才获得了这块宝地。

我称它为美丽迷人的伊甸园，看来我这么说还是恰如其分的。这块没人看得上的荒地，可能没一个人会往上面撒一把萝卜籽的，但是，对于膜翅目昆虫来说，它可是个天堂。荒地上那茁壮成长的翅蓟类植物和矢车菊，把周围的膜翅目昆虫全都吸引了来。我以前在野外捕捉昆虫时，从未遇到过任何一个地方像这个荒石园那样，聚集着如此之多的昆虫，可以说，各行各业的所有的膜翅目昆虫全都聚集到这里来了。它们当中，有专以捕食活物为生的"捕猎者"，有以湿土"造房筑窝者"，有梳理绒絮的"整理工"，有在花叶和花蕾中修剪材料备用的"备料工"，有以碎纸片建造纸板屋的"建筑师"，有搅拌泥土的"泥瓦工"，有为木头钻眼的"木工"，有在地下挖掘坑道的"矿工"，有加工羊肠薄膜的"技工"……还有不少干什么什么的，我也记不清了。这是个干什么的呀？它是一只黄斑蜂。它在两至生矢车菊那蛛网般的茎上刮来刮去，刮出一个小绒球来，然后，它便得意扬扬地把这个小绒球衔在大颚间，弄到地下，制造一个棉絮袋子来装它的蛋和卵。那些你争我斗、互不相让的家伙是干什么的呀？那是一些切叶蜂，腹部下方有一个花粉刷，刷子颜色各异，有的呈黑色，有的呈白色，有的则是火红火红的颜色。它们还要飞离蓟类植物丛，跑到附近的灌木丛中，从灌木的叶子上剪下一些椭圆形的小叶片，把它们组装成容器，来装它们的收获物——花粉。你再看，那些一身黑绒衣服的，都是干什么的呀？它们是石泥蜂，专门加工水泥和卵石的。我们可以在荒石园中的石头上，很容易地看到它们所建造起来的房屋。还有那些突然飞起，左冲右突，大声嗡鸣的，是干什么的呀？它们是砂泥蜂，它们把自己的家安在破旧墙壁和附近向阳物体的斜面上。

　　现在，我们看到的是壁蜂。有的在蜗牛空壳的螺旋壁上建造自己的窝；有的在忙着啄一段荆条，吸去其汁液，以便为自己的幼虫做成一个圆柱形的房屋，而且，房屋中用隔板隔开，隔成一层一层的，俨然一幢楼房；有的还在设法将一个折断了的芦苇那天然通道派上用场；还有的，干脆就乐享其成地免费使用高墙石蜂空闲着的走廊。让我们再来看看：那是大头蜂和长须蜂，其雄蜂都长着高高翘起的长触角；那是毛斑蜂，它的后爪上长着一个粗大的毛钳，是它的采蜜器官；那些是种类繁多的土蜂；此外，还有一些隧蜂，腰腹纤细。我就先这么简要地提上一句，不一一赘述，否则我得把采花蜜的昆虫全都记录下来了。我曾经把我新发现的昆虫呈送给波尔多①的昆虫学家佩雷教授，他问我是否有什么特别的捕捉方法，怎么会捕捉到这么多既稀罕鲜见而又全新的昆虫品种？我并不是什么捕捉昆虫的专家学者，更不是一心一意地在寻找昆虫、捕捉昆虫、制作标本的专家学者，我只是对研究昆虫的生活习性颇感兴趣的昆虫学爱好者。我所有的昆虫全都是我在长着茂密的蓟类植物和矢车菊的草地上捉到的，并喂养着它们。真是天缘巧合，与这个采集花蜜的大家庭在一起的还有一群群的捕食采蜜者的猎食者。泥瓦匠们曾在我的荒石园中垒造园子围墙时，遗留下来不少的沙子和石头，这儿那儿地随意堆放着。由于工程进展缓慢，拖了又拖，一开始就运到荒石园来的这些建筑材料便这么遗弃着。渐渐地，石蜂们选中石头之间的空隙投宿过夜，一堆一堆地挤在一起。粗壮的斑纹蜂遇到袭击时，会向你迎面扑来，不管侵袭者是人还是狗，它们往往选择洞穴较深的地方过夜，以防金龟子的侵袭。白袍黑翅的鹡鸰鸟宛如身着多明我会②服装的修士，栖息在最高的石头上，唱着它那并不动听的小曲短调。离它所栖息的石头不远，必定有它的窝巢，大概就在某个

---

① 波尔多：法国西南部的一个中心城市。
② 多明我会：又称布道兄弟会，俗称黑衣兄弟会，是天主教四大托钵修会之一。

石头堆中，窝巢内藏着它的那些天蓝色的小蛋蛋。不一会儿，这位"多明我会修士"便不见了踪影，消失在石头堆中了。我对这个鹡鸰鸟却是颇有点怀念，而对于那长耳斑纹蜂，我却并不因它的消失而感到遗憾。

沙堆却是另一类昆虫的幽居之所。泥蜂在那儿清扫门庭，用后腿把细沙往后蹬踢，形成一个抛物形；朗格多克飞蝗泥蜂用触角把无翅螽斯咬住，拖入洞中；大唇泥蜂正在把它的储备食物——叶蝉藏入窖中。让我心疼不已的是，泥瓦匠终于把那儿的猎手们全都给撵走了，不过，一旦有这么一天，我想让它们回来的话，我只需再堆起一些沙堆来，它们很快也就归来了。

居无定所的各种砂泥蜂倒是没有消失。我在春季里可看见某些品种的砂泥蜂，在秋季里又可看见另外一些品种的砂泥蜂，飞到荒石园的小径草地上，跳来飞去，寻找毛虫。各种蛛蜂也留在了园中，它们正拍打着翅膀，警惕地飞行着，朝着隐蔽的角落，去捕捉蜘蛛。个头儿大的蛛蜂则窥伺着狼蛛①，而狼蛛的洞穴在荒石园中则有的是。这种蜘蛛的洞穴呈竖井状，井口由禾本植物的茎秆中间夹着蛛线做成的护栏保护着。往洞穴底部看去，大多数的狼蛛个头儿很大，眼睛闪烁发亮，让人看了直起鸡皮疙瘩。对于蛛蜂来说，捕捉这种猎物可是非同小可的事啊！好吧，让我们观战吧。

在这盛夏午后的酷热之中，蚂蚁大队爬出了"兵营"，排成一个长蛇阵，到远处去捕捉奴隶。让我们不妨忙里偷闲，随着这蚂蚁大军前行，看看它们是如何围捕猎物的吧。那儿，在一堆已经变成了腐殖质的杂草周围，只见一群长约一点五法寸②的土蜂正没

精打采、懒洋洋地飞动着，它们被金龟子、蛀犀金龟子和金匠花金龟子的幼虫吸引住了，那可是它们丰盛的美餐啊，所以便一头钻进那堆杂草中去了。

值得观察研究的对象简直太多太多了，而且光是这里，也只是提到了一部分而已！这座荒石园，人去楼空，房屋闲置，地也撂荒了。没有人住的这座荒石园，成了动物的天堂，没有人会伤害它们了，它们也就占据了这儿的角角落落。黄莺在丁香树丛中筑巢搭窝；翠鸟在柏树繁茂的枝叶间落户安家；麻雀把碎皮头和稻草麦秆衔到屋瓦下；南方的金丝雀在它们那建在梧桐树梢的没有半个黄杏大的小安乐窝里鸣叫；红角鸮习惯了这儿的环境，晚间飞来唱它那单调歌曲，声似笛音；被人称为雅典娜鸟的猫头鹰也飞临此地，发出它那刺耳的咕咕声响。这座废弃的屋前有一个大池塘。向村子里输送泉水的渡槽，顺带着也把清清的流水送到这个大池塘中。动物发情的季节，两栖动物便从方圆一公里处往池塘边爬来。灯芯草蟾蜍——有的个头儿大如盘子——背上披着窄小细长的黄绶带，在池塘里幽会、沐浴；日暮黄昏时，"助产士"雄蟾蜍的后腿上挂着一串胡椒粒似的雌蟾蜍的卵；这位宽厚温情的父亲，带着它珍贵的卵袋从远方蹦跳而来，要把这卵袋没入池塘中，然后再躲到一块石板下面，发出铃铛般的声响。成群的雨蛙躲在树丛间，不想在此时此刻哇哇乱叫，而是以优美动人的姿势在跳水嬉戏。5月里，夜幕降临之后，这个大池塘就变成了一个大乐池，各种鸣声交织，震耳欲聋，以致你若是在吃饭，就甭想在饭桌上交谈，即便躺在床上，也难以成眠。为了让园内保持安静，必须采取严厉的措施。不然又怎么办？想睡而又被吵得无法入睡的人，心当然会变硬的。

膜翅目昆虫简直无法无天，竟然把我的隐居之所也给侵占了。白边飞蝗泥蜂在我屋门槛前的瓦砾堆里做窝；为了踏进家门，我不得不加倍小心，否则，一不留神，就会把它的窝给踩坏，正在忙活的"矿工们"将会遭灭顶之灾。我已经有整整二十五年没有看到过这种捕捉蝗虫的高手了。记得我第一次看见它时，是我走了好几里地去寻找的；其后，每次去寻访它时，都是顶着8月火热的骄阳前去的，忍受着那艰难的长途跋涉。可是，今天，我却在自家门前见到了它们，它们竟然成了我的好芳邻。关闭的窗户框为长腹蜂提供了温度适宜的套房；它那泥筑的蜂巢，建在了规整石材砌成的内墙壁上；这些捕食蜘蛛的好猎手归来时，穿过窗框上本来就有的一个现成的小洞孔钻入房内。百叶窗的线脚上，几只孤身的石蜂建起了它们的蜂房群落；略微开启着的防风窗板内侧，一只黑胡蜂为自己建造了一个小土圆顶，圆顶上面有一个大口短细颈脖。胡蜂和马蜂经常光顾我家；它们飞到饭桌上，尝尝桌上放着的葡萄是否熟透了。

　　这儿的昆虫确实是又多又全，而我所见的只不过是一小部分。如果我能与它们交谈的话，那么，我就会忘掉孤苦寂寥，变得兴致勃勃。这些昆虫，有些是我的新朋，有的则是我的旧友，它们全都在我这里，挤在这方小天地之中，忙着捕食，采蜜，筑窝搭巢。另外，若是想要改变一下观察环境，这也不难，因为几百步开外便是一座山，山上满是野草莓丛、岩蔷薇丛、欧石楠树丛；山上有泥蜂们所偏爱的沙质土层，有各种膜翅目昆虫喜欢开发利用的泥灰质坡面。我正是因为早已认准了这块风水宝地，这笔宝贵财富，才逃避开城市，躲到这乡间里来的，来到塞里尼昂①这儿，给萝卜地锄草，给莴苣地浇水。人们花费大量资金，在大西洋沿岸和地中海边建起许许多多的实验室，以便解剖对我们来说并无多大意义的海洋中的小动物；人们耗费大量钱财，购置显微

————————

① 塞里尼昂：法国埃罗省的一个小镇。

镜、精密的解剖器械、捕捞设备、船只，雇用捕捞人员，建造水族馆，为的是了解某些环节动物的卵黄是如何分裂的。我直到如今都没弄明白，这些人搞这些有什么用处？为什么他们偏偏就对陆地上的小昆虫不屑一顾？这些小昆虫可是与我们息息相关的，它们向普通生理学提供着难能可贵的资料。它们中有一些在疯狂地吞食我们的农作物，肆无忌惮地破坏着公共利益。我们迫切地需要一座昆虫学实验室，一座不是研究三六酒①里的死昆虫，而是研究活蹦乱跳的活昆虫的实验室，一座以研究这个小小的昆虫世界的动物之本能、习性、生活方式、劳作、争斗和生息繁衍为目的的昆虫实验室，而我们的农业和哲学又必须对其予以高度的重视。彻底掌握对我的葡萄树进行吞食、蹂躏的那些昆虫，可能要比了解一种蔓足纲动物的某一根神经末梢是个什么状态更加重要。通过实验来划分清楚智力与本能的界线，通过比较动物系列的各种事实，以揭示人的理性是不是一种可以改变的特性等等这一切，应该比了解一个甲壳动物的触须有多少要重要得多。为了解决这些大的问题，必须动用大批的工作人员，可是，就目前来说，我只是孤军奋战。当下，人们的注意力放在了软体动物和植虫动物的身上了。人们花费大量的资金购置许许多多的拖网去探索海底世界，可是，对自己脚下的土地却漠然处之，不甚了了。我在等待着人们改变态度的同时，开辟了我的荒石园这座昆虫实验室，而这座实验室却用不着花纳税人的一分钱。

---

① 三六酒：旧时一种八十五度以上的烧酒，取三份烧酒，兑三份水，即成六份普通烧酒。

毛刺砂泥蜂

5月里的某一天，我在巡视我那荒石园实验室，想看看能否获得新的发现。法维埃正在不远处的菜地上干活。法维埃是何许人也？大家马上就会知晓的，因为他将在下面的故事中出现。

法维埃行伍出身。他曾经在非洲荒原的角豆树下搭建自己的茅草屋，在君士坦丁堡捕捞过海胆，在没有军事行动时，他还在克里米亚捕捉过椋鸟。他经历十分丰富，见多识广。冬季里，不到下午4点，地里的活儿便收工了。冬季的漫漫长夜，无所事事，绿橡树圆木在厨房间的炉子里烧得正旺，火光熊熊，他把耙子、叉子、双轮小车收拾停当之后，便坐在炉边高大的石头上，掏出烟斗，用大拇指沾上点口水，技术娴熟地往烟斗里塞满、压实烟丝，美滋滋地吞云吐雾开来。其实，他得把烟闷在肚里，久久地不吐出来，他几个小时之前烟瘾便上来了，只是舍不得抽，因为烟草价格昂贵，所以憋到现在才抽上一口。

大家便在这个时候，围着炉火闲扯瞎聊，法维埃兴致颇高，海阔天空，纵横捭阖。因为他的故事精彩动听，所以他就像是古代的说书人似的，被安排坐在最佳的位置上，成了中心人物。只不过我们的这位说书人是在兵营里练就的说书本领。这倒无伤大雅，反正一家老小，无论大人孩子，都在聚精会神地听他讲述。即便他说的故事纯属杜撰的，但却总是编得合情合理，顺理成章。所以，当他干完活儿后，如果不在炉边歇上一会儿的话，我们大家全都感到有一种说不出的惆怅。他到底跟我们讲了些什么，让我们这么如痴如醉、倾心入迷？他给我们讲述了他亲身经历的一场推翻一个专制帝国的政变中的所见所闻。他说道，他们先是把烧酒分喝光了，然后便向人群开枪射击。他信誓旦旦地对我说，他自己则只是对着墙开枪的。我对他的话十分相信，因为我感到，他是纯属无奈才参加了这场疯狂大屠杀的，而他一直在痛悔自己的这一经历，感到十分地悲哀、羞耻。

他还向我们讲述了他在塞瓦斯托波尔[①] 城外战壕中的不眠之夜。他讲述道，他曾在冰天雪地的黑夜里，孤立无援地蜷缩在雪堆旁，眼看着被他称之为"花瓶"的玩意儿落在了他的近旁，他惊恐万状，不能自已。那"花瓶"在燃烧，在喷射，在发光，把周围照得如同白昼。那些可恶而吓人的东西随时随地地在爆炸，令人胆战心惊、毛骨悚然。他的战友们死去了，而他却侥幸地活下来。"花瓶"熄灭了。那所谓的"花瓶"，其实就是照明弹，在黑暗中发射，用以侦察围城敌军的动静与活动情况。

在讲述了残酷激烈的战斗故事之后，法维埃又给我们讲了不少兵营中的趣闻乐事。他告诉我们军队里是如何烧菜做饭的，士兵们的饭盒里都藏了些什么秘密，以及土堡里的一些可笑可乐的琐碎事情。他肚子里真的是装着说不完的故事，而且讲述起来又眉飞色舞，生动活泼，引人入胜，不知不觉地便到了吃晚饭的时

---

① 塞瓦斯托波尔：乌克兰黑海边的一座城市，在克里米亚西南边，系一重要海港和军火库。

间了。

法维埃还有一手令我叹服。我的一位朋友从马赛给我捎来两只大螃蟹，那是一种被渔民们称之为"海上蜘蛛"的蜘蛛蟹。当工人们——忙于修缮破房屋的油漆工、泥瓦匠、粉刷工等——吃完晚饭回来时，我便把捆绑着那两只大螃蟹的绳子给解开了。工人们一看，吓得直往后缩。这两只怪模怪样的动物，从甲壳四周呈辐射状地伸出它们的螯针，而且竖立在细长的腿上爪上，状如蜘蛛，看着瘆人。可法维埃却根本不把它们当一回事，只见他手这么一伸，便一把按住了那两只可怕的"横行霸道"的"蜘蛛"，然后说道："我知道这家伙，我在瓦尔拉吃过，味道美极了。"他边说，边用嘲讽的目光看着他周围的人，那意思像是在说："你们这帮人啊，简直是孤陋寡闻，从来就没有走出过自己的窝。"

最后，再举一个他见多识广的例子。他的一位芳邻遵照医生的嘱咐，前往塞特去泡海水浴，归来时，带回来一个稀罕的东西，像是一个奇异的果实，她觉得这个果实种上后，一定会有收获的。拿起这个果实放在耳边摇动，可以听见响声，说明壳内有种子。这个果实呈圆形，壳上多刺，一端像是一朵小白花的未曾开放的花蕾，另一端则略有些凹陷，上面有几个洞孔。这位女邻居便跑到法维埃那儿去，把自己如获至宝的东西拿出来给他看，并让他转告于我。后来她把这果实给了我，并说将来必定会长出非常漂亮的小灌木的，可以为我的花园增添一景。她指着这个果实的两端对法维埃说："这儿是花，这儿是尾巴。"

法维埃听她这么一说，不禁放声大笑起来，随即便告诉她说："这是一只海胆，我在君士坦丁堡吃过。"然后，他便详尽地解释给她听，海胆是什么，是怎么回事。女邻居始终未能听明白他说的是些什么，仍抱着那是"果实"的顽固看法。而且，她心里还在想，法维埃一定是因为这么富贵的种子不是由他，而由别人送给了我，因而心生嫉妒，才编出这么一套说法来欺骗她的。他俩因无法说服对方，便跑到我家里来。那位热心肠的女邻居对我又说了一遍："这儿是花，这儿是尾巴。"我看了之后，便跟她解释道，她所说的那"花"，其实是海胆的五颗聚在一起的白牙齿，而那"尾巴"则是跟海胆的嘴相对应的部位。她仍旧心存疑惑地走了。也许她的那些"种子"，那些在空壳中摇动起来发出声响的沙粒，现在正放在一个破旧的土瓮里"发芽"哩。

从这一点，我们不难看出，法维埃确实了解不少的东西，而且他是因为亲口尝过才认识的。他知道獾的里脊肉非常好吃；他知道狐狸的后臀尖肉很香；他了解荆棘鳗鱼——游蛇的哪个部位的肉最佳；他曾把臭名昭著的"南方玻璃珠"——单眼蜥蜴用油煎炸而食；他曾经考虑用油来炸蚱蜢，做成一道美味。他跑遍了全世界，这种生活让他长足了见识，能够做出一般人想象不出来的菜肴来，让我看了真的是惊叹不已，自叹弗如。

我对他的仔细观察的鉴别力以及对事物的记忆力也十分地钦佩。不管我告诉他一种什么植物，只要我仔细地向他描述清楚，哪怕是一种毫不起眼的小花杂草，只要我们周围的树林里有这种植物，他都能替我找回来，并且告诉我是在什么地方、什么方位寻找到的。再细小难辨的植物，他都能分辨得一清二楚。为了对我已发表的关于沃克吕兹的球菌的文章加以补充，在气候恶劣的季节里，昆虫们都躲起来了，我不得不拿起放大镜，采集植物标本。这时候，由于严寒使得土地变得又实又硬，或者由于大雨使得地上满是泥浆，法维埃便无法侍弄园子，我就带着他一起跑到树林里去，在荆棘丛生的杂草堆中寻找我所需要的那些又细又小的植物。球菌的一个个小黑点，使得遍地蔓生的荆棘的枝枝杈杈长满了黑色斑点。我把那些最大的黑斑点称之为"黑色的火药"。这些球菌中的某一种正是被植物学家们冠以这一名称的。法维埃在寻找过程中，比我发现的要多，他对此感到颇为自豪。玫瑰茄像一团黑色的乳头，"乳头"上包着一层透红颜色的棉絮状绒毛，这是一种绝佳的植物，如果法维埃发现了一枝这样的植物，会高兴得像什么似的，立即掏出烟斗，抽上一袋，以示庆贺。

在采集过程中，总会引来一些不识相的瞧热闹的人，而法维埃则很善于把他们打发开去。这些人都是附近的农民，出于好奇，总爱提一些像小孩子们提的问题，而且，他们的好奇中还掺杂着鄙夷和嘲讽，凡是他们不懂的东西，他们都得嘲笑几句。有什么能比一位绅士模样的人在研究捕捉来放在玻璃瓶中的一只苍蝇，或者翻来覆去地琢磨一块捡到的烂木头，更让他们觉得滑稽可笑的呢？然而，法维埃只要一句话，就能噎住他们的那些并非善意的探询。

我们弓着身弯着腰，一步一步地前行，寻找着史前时期的遗留物，什么蛇形斧啦，黑陶器碎片、燧石制箭镞和矛头啦，碎片、刮削器、燧石块啦，等等。这些东西在山的南坡多得很。一个农民见状，突然问道："您的主人要这些破玩意儿干什么呀？"法维埃便立即顶他一句："给配门窗玻璃的人做填料。"

我收集了一把兔子粪，在放大镜下一看，可以见到粪上有一种隐花植物，值得带回去加以研究。正在这时候，又来了一个好奇而饶舌的乡下人，他见我这么小心仔细地把发现的"宝物"装进一只纸袋里去，心想，那一定是很值钱的东西，定能卖个好价钱。在乡下人的眼里，一切之一切，最终都归为一个"钱"字。在他们看来，我一定是靠着这些兔子粪发了大财。于是，他便狡猾诡谲地向法维埃打听："您的主人弄这些 pétourle^① 干什么呀？"法维埃便一本正经地回答他说："他要蒸馏这些兔子粪，好取粪

---

① 当地土语，意为"兔粪"。

汁。"那个好奇者被这个回答弄得莫名其妙，悻悻地走开了。

我们先打住吧，就别在这位脑子灵活、巧于应对、喜欢打趣的军人身上花费太多的笔墨了。我们还是回到我那荒石园昆虫实验室里引起我关注的东西上来。几只砂泥蜂用脚在扒拉着，搜寻着，不一会儿又向前飞上一小段路，时而落在有草的地方，时而又飞到寸草不生之处。时已5月中旬。一天，风和日丽，我看见那几只砂泥蜂落在满地尘土的小路上，懒洋洋地沐浴在温暖的阳光中。它们全都是毛刺砂泥蜂。我曾经叙述过这种砂泥蜂是如何冬眠的，以及春天到来时，当其他的捕食性膜翅目昆虫仍旧躲在茧里的时候，它们就已经开始飞来飞去地寻觅食物了。我还描述了它们是如何肢解毛虫，以便利于自己的幼虫嚼食。我还叙述了它们把自己的螯针多次地刺到毛虫的神经中枢里去。我还是头一回看到这种如此精巧的"活体解剖"，而且也就看过一次，所以我希望有机会能再亲眼见识一下这种外科手术。那头一次的观察，十分地浮皮潦草，很不仔细，因为上次我有事在身，长途奔波，人很疲惫，很可能有很多的细节被我忽略掉了。而且，就算我真的全都看得一清二楚，我也很有必要再仔细地观察一番，使自己的观察结果更加臻于完善、真实可靠、无可置疑。我还要补充一句，即使我看过这种场面上百次，我想再看一看，读者们也不会觉得我多此一举，令人生厌吧。

因此，当毛刺砂泥蜂一出现，我便开始跟踪监视；而现在，它们既然来到了我的家门前，离大门只有几步路的地方，我只要稍微留意一点，就一定能够找到它们的。3月末和4月份已经过去了，我一直留心观察着，但却一无所获，这也许是尚未到毛刺砂泥蜂筑巢做窝的时间，或者，更可能是我观察监视的方法欠妥。直到5月17日，我终于有了幸运之机了。

只见几只砂泥蜂突然出现在我的眼前，它们飞来飞去，十分忙碌。我们就先来观察其中那只最最活跃的砂泥蜂吧。我是在被踩得结结实实的小径的土里发现它们的，我当时正在对砂泥蜂耙最后的那几耙。这时候，这些捕食者把已经被它们麻醉了的毛虫暂时地弃置在离它们的窝几米远处，尚未把自己的猎获物弄进窝里去。当砂泥蜂确定洞穴很合适，洞口较宽，足以把一个体积庞大的猎物弄进洞中去时，它便飞过去寻找刚被自己麻醉了的那个猎物。那条被麻醉了的毛虫僵直地躺在那儿。身上爬满了蚂蚁。捕食者砂泥蜂对这条爬满了蚂蚁的毛虫已不感兴趣。许多捕食性膜翅目昆虫总是先把猎获物弃置在一边，以便先把自己的窝巢加以完善，或者是刚刚开始做窝，一时顾不上被自己麻醉了的猎物。不过，通常，它们总是把自己的猎获物置于高处，放在草丛中，免得遭受其他的昆虫的侵扰或掠夺。砂泥蜂是精于此道的，但这一次，不知是疏忽大意、掉以轻心了呢，还是因为这个猎物太大太重，搬运时掉落下去，反正，猎物已经成了群蚁争抢撕咬的美味了。即使想要把这帮强徒赶跑，那也是不可能的，因为你赶跑了一只，马上又有十来只攻了上来。砂泥蜂大概正是这么考虑的，因为它看到自己的猎物被蚂蚁侵占了之后，并没有上前去驱赶，而是飞到别处再寻猎物去了。

砂泥蜂寻找猎物都是在自己的窝巢周围十来米范围内进行的。它用脚在土里一点一点地、不紧不慢地探查着，再用弯成弓状的触角不停地拍击着土地。无论是光秃秃的地、满是碎石的地，还是杂草丛生的地，它都要仔细地搜索个遍。烈日当空，天气闷热，预示第二天将要下雨，甚至当晚就会有雨落下。而我却在这样的闷热天气里，眼睛始终盯着寻找猎物的砂泥蜂，足足盯了有三个钟头。可见，对于极需觅食的这只膜翅目昆虫来说，要寻找到一只灰毛虫该有多么困难啊。

即使对于我这么个大活人来说，要找到一只毛虫也同样是颇费周折的。读者们知道，我曾经采取了什么办法去观察一只捕食的膜翅目昆虫的，也知道膜翅目昆虫为了给自己的幼虫提供一块动弹不了但却并未死的活物，是如何对它的猎物进行外科手术的：我把那膜翅目昆虫的猎物拿走，偷梁换柱，给了它一块一模一样的活肉。为了观察砂泥蜂，我仍旧如法炮制，为了让它重复它的那种外科手术，必须尽快找到几只灰毛虫，让它见到之后，用自己的螯针去麻醉它。

　　这时候，法维埃正在园子里忙碌着，我便冲他喊道："快点来，法维埃，我需要几只灰毛虫。"我已经给他介绍过这种虫子，而且，近一段时间以来，他对这种"外科手术"已经有所了解了。我便告诉他我的砂泥蜂以及它们需要觅食灰毛虫的情况。他基本上算是较为了解我所关心的昆虫的生活习性，对我的要求十分理解。于是，他便寻找开来。他在莴苣叶下翻找，在鸢尾旁边查看。我对他的眼尖手快是深有体会的，我相信他一定能够替我找到的。可是，时间一分一秒地过去了，始终未听到他报捷的佳音。"怎么样，法维埃，有灰毛虫吗？""我还没有发现，先生。""唉！那么就让克莱尔、阿格拉艾和其他的人齐上阵，分头去找，非要找到不可！"全家人都聚在了一起，人人都像是准备奔赴战场似的，严阵以待，积极地行动起来。我本人则是坚守在岗位上，一直盯着那只砂泥蜂捕食者。我一只眼睛在盯着它，而另一只眼睛也没忘记在寻找灰毛虫。但是，天不遂我愿，三个小时都过去了，仍旧是一无所获，谁都未能发现灰毛虫。

　　砂泥蜂也没能挖到灰毛虫。只见它仍毫不懈怠地在一些有裂隙的地方寻找着。砂泥蜂继续在清扫地面。它已经是精疲力竭，气力全无。它把一块杏核般大小的土给刨了开来，但它很快便把这地方给撇下了。我顿有所悟，不禁猜想：虽然我们几个大活人没能找到一只灰毛虫，但这并不能说砂泥蜂也同我们四五个人一样又蠢又笨。人办不到的事，昆虫有时却是能大功告成的。昆虫具有极其敏锐的感觉，它们是不会连续几个小时迷失方向瞎找一通的。也许是毛虫们预感到大雨将至，全都躲到更深的洞穴中去了。砂泥蜂一定知道毛虫躲在哪儿，只不过它无法从很深的地方把毛虫给挖出来。如果它在一处地方刨挖了几次之后，把这地方放弃了，那并不说明它缺乏敏锐的洞察力，而是它没有能力往深处挖下去。凡是砂泥蜂挖过的地方，都可能有一只灰毛虫存在；而它之所以放弃了这个地方，那只是它不得不承认自己力量有限，无法完成这项挖掘工程。我真是愚不可及，竟然未能早一点悟出这番道理来。像砂泥蜂这样猎食灰毛虫的高手，会在没有灰毛虫的地方浪费气力，乱挖一气吗？绝对不会的！

于是，我便决定去帮它一把。此时此刻，砂泥蜂正在一处翻耕过的光秃秃的土地上搜寻着。它最终又像在其他地方那样，把这个地方也给放弃了。我便握住一把刀，往它挖过的地方继续向下挖去。我同样是一无所获，不得不放弃，走开了。这时候，砂泥蜂却飞了回来，在我清查过的地方又挖又耙开来。我觉得这个膜翅目昆虫像是在对我说道："你滚一边去吧，你这蠢笨的人，让我来指给你看灰毛虫藏在什么地方吧。"

我按照它指示的地方，用刀又挖了起来，终于挖出来一条灰毛虫。啊！我没猜错，你是不会在没灰毛虫的地方无端地又挖又耙的！

从这时起，我便采取了"狗鼻子捕猎法"：狗嗅出猎物的藏身地，人就去那儿找，一定能找到猎物的。因此，我就按照砂泥蜂所指示的地点，把洞穴深处的猎物挖出来。就这样，我获得了第二只，然后，又弄到了第三只、第四只，而且全都是在数日前用铁锨翻动过的光秃秃的地方挖到的。从外表上看，地面无任何迹象表明地下藏有灰毛虫。法维埃、克莱尔、阿格拉艾，还有其他人，你们觉得怎么样？你们服不服气呀？你们花了三个小时连一只灰毛虫也没见着，可我想到借助砂泥蜂的指引，竟然要多少只它就会帮我指点出多少只来。

现在，我已经拥有充足的替代品了，但我还想让砂泥蜂帮我找到第五只。下面，我将分段、按照编号顺序来叙述我眼前所发生的这出精彩戏剧的各个场次。我是在最有利的条件下进行观察研究的。我趴在地上，与砂泥蜂离得很近，所以任何一点细节都未能逃过我的眼睛。

（1）砂泥蜂用它那大颚上的弯钩钳子抓住毛虫的脖颈。那毛虫在拼命地挣扎，臀部扭曲着，扭过来转过去。膜翅目昆虫无动于衷，不予理会，紧守在猎物身旁，谨慎小心，不让对方碰着自己。它用螯针刺入猎物位于腹部中线的皮肤最细嫩处——把头部第一个环节分开来的那个关节中。螯针在那关节中停留了片刻。不用说，毛虫的致命部分就在那儿，砂泥蜂完全可以制服毛虫了，使之听任它的摆布。

（2）接着，砂泥蜂放开猎物，匍匐在地，侧身转动，肢体明显地在抽搐着，翅膀在颤抖着。我十分地担心，以为捕食者砂泥蜂在搏斗中受到了致命的攻击，就这么英勇地牺牲了，以致我期盼了那么长时间想要进行的一次实验就这么功败垂成了。但是，不一会儿，砂泥蜂便平静了下来，抖抖翅膀，弯弯触角，又敏捷地奔向那被麻醉了的毛虫。我一开始所认为的它那预示死亡将至的痉挛，实际上只不过它捕猎成功的欣喜若狂的举动。膜翅目昆虫这是在以自己那独特的方式庆贺扑杀敌人的成功。

（3）外科手术施行者砂泥蜂咬住猎物背部的皮层，然后，把螯针刺入比第一针稍低一点的第二个环节，仍旧是腹部的那一面。只见它在灰毛虫身上逐渐地往后退着，每次都咬住毛虫背部稍低一点的位置。它用大颚上的弯把儿阔钳子咬住猎物，然后，再把螫针刺入猎物腹部的下一个环节。它的动作有板有眼，有条不紊，十分精确，先后退，再咬住猎物背部稍低点的地方，像是用尺子量过似的那么准确无误。它每后退一步，螫针就刺入毛虫的下一个环节，就这样，逐一地把毛虫真腿上的那三个胸部环节、后面的两个无足的环节以及假腿上的四个环节，全都刺了一遍，一共刺了九针。不过，毛虫身上那最后的四个节段，砂泥蜂并没有刺。那四个节段上有三个无足环节和最后一个带假腿的环节，或者说第十三环节。施行外科手术者在手术过程中没有遇到什么大的麻烦，比较顺利，因为毛虫被刺了第一针之后就已经麻木了，丧失了任何的反抗能力。

（4）最后，砂泥蜂把自己大颚上的那只锐利无比的钳子完全张开，夹住毛虫的脑袋，谨慎小心地咬住它，压它，但又不把它给压伤。它一下接一下地、不慌不忙地、慢条斯理地压挤猎物，仿佛是想要了解每一次的压挤所产生的后果似的。它停下来，等了一下，然后再进行压挤。为了达到它所预期的目的，对毛虫头部的操作要慎之又慎，要掌握好分寸，操作不能过度，否则便会把毛虫弄死。毛虫一死，尸体很快就会腐烂的。因此，捕食者砂泥蜂使用大颚上的那把锐利的钳子时，用力很有节制，而大钳压挤的次数较多，大约二十来下。

砂泥蜂的外科手术做完了。灰毛虫侧着身子，呈半蜷缩状地躺在地上，一动不动，没有一点生气了。它的捕食者正在挖洞造屋，将把它运进窝巢中去，对此，它无可奈何，无一丝一毫的反抗或挣扎的能力，它也根本不可能再对将以它为食的砂泥蜂的幼虫造成任何的伤害。胜券在握的捕食者把灰毛虫撇在它对它动过手术的地方，自己回到窝里去了。我的眼睛一直在紧盯着它。它在对自己的窝巢进行修缮，以便储存食物。它那窝巢的拱顶上有一块卵石凸了出来，有碍它把那庞大的猎物运进其地下食物储存室，于是，它便想方设法地把那块卵石给弄下来。它在拼命地工作着，翅膀摩擦，发出吱吱嘎嘎的声响。窝巢中，卧室不够宽敞，它又在努力地把它加宽加大。它在继续努力地劳动着，我因为害怕漏掉这膜翅目昆虫劳作中的一点一滴，所以没有去照看那只毛虫。不一会儿，蚂蚁们便蜂拥而至。当砂泥蜂（还有我）回到毛虫那儿的时候，只见毛虫身上黑乎乎的一片，爬满了这些撕咬扯拉的掠食者。对我而言，此情此景，让人好不遗憾，而对于砂泥蜂来说，真让它叫苦不迭，恼火不已，因为这种倒霉的事已经发生过两次了，到嘴的食物竟变成了他人的美味佳肴了。

　　砂泥蜂看上去非常沮丧、泄气。我便立即用一只备用的毛虫来替换，但没能奏效，砂泥蜂对这只备用毛虫连看都不看一眼。随后，夜幕降临，天阴沉沉的，还下了几滴雨。在这种情况之下，再观察砂泥蜂的捕猎活动已经是不可能的了，整个实验只好宣告结束。我真的很遗憾，准备好的几只毛虫竟然未能派上用场。我可是从午后1点一直观察到傍晚6点的呀，整整五个钟头，眼睛都不敢多眨一下。

松毛虫

　　这种毛虫已经拥有自己的一部史书，撰写者为雷沃米尔先生。但是，由于条件所限，这位大师所撰写的这部松毛虫的史书存在着无法避免的缺憾。他所研究的对象是通过驿车从千里之外的波尔多的荆棘丛生的荒野之中运来的。这种昆虫离开了它原来的生活环境，它向这位历史学家所提供的生活习性等方面的情况就大打了折扣。研究昆虫的习性必须就地进行，在它生活的区域进行长期的观察，因为它只有在自己的生活环境中才能尽显其天性。

　　而雷沃米尔先生用来进行实验和研究的对象，来自法国的西南部，对巴黎的气候环境非常陌生，不习惯，使研究者难以了解到它的许多生动有趣的情节。雷沃米尔先生当时研究松毛虫就是这么个情况。后来，他对另一种外来的昆虫——蝉——进行研究时，情况依然如此。不过，他从荆棘丛生的荒野中所收集到的昆虫窝巢却是颇有研究价值的。

　　我所处的环境却对我的研究十分有利。于是，我对松树上成行成串地爬行着的松毛虫重新进行了观察研究。我在自己那荒石园昆虫实验地种了一些树，还特别地种了不少的荆棘，有几棵松树长得十分挺拔兀立，其中有阿勒普松和奥地利黑松。这些松树与荒野里的松树没有任何的不同。松毛虫占领它们，在上面编织了自己的大袋囊。这些树的叶子全都被它们糟蹋破坏得够呛，仿佛遭了火灾似的，令人气愤不已。为了保护树叶，我每年冬天都得仔仔细细地进行检查，用一根分叉的长板条一点一点地将，彻底清除松毛虫的窝巢。

为了观察的方便，我把三十来个松毛虫的窝安放在离我家大门几步远的地方。如果这些窝仍不够用，附近的松树仍可向我提供必要的补充。我首先观察的是松毛虫的卵，雷沃米尔书中没有提到过它。8月上旬，我便站在松树前，观察与我眼睛视线同一水平高度的松树树干，很快便会发现，这儿那儿，在松针丛中，一些微微呈白色的小圆柱体把郁郁葱葱的青枝绿叶给弄得斑斑点点的。那就是松毛虫蛾卵，一个圆柱体就是一个松毛虫母亲的一个卵群。松树的松针成双成对地聚在一起。一对叶子的叶柄被如同手笼那样的圆柱体形物体包裹着。该物体长三毫米，宽约四五毫米，外表如丝一般地柔软光滑，白中略显橙黄色，覆盖着鳞片。鳞片像屋瓦似的叠盖着，排列虽然较为整齐，但却不呈几何秩序，外观上看着犹如榛树未曾开花的柔荑花序一般。

鳞片几近椭圆，白色，半透明，底部略呈褐色，另一端则呈橙黄色。鳞片下端又短又尖，较为细小，散乱，上端则较宽大，像是被截去一段似的紧固在松针上。无论是风吹还是用刷子反复地刷，都无法让鳞片脱落。从下往上轻轻地扫拂这如同手笼似的圆柱体，那鳞片就会像是受到反向摩擦的浓毛一般地竖立起来，并一直保持着这种竖立状；如果再朝相反方向摩擦，它们就立即恢复原状。另外，轻轻触摸鳞片的话，会感受到如丝绒一般的柔软。它们一丝不乱地一片一片地互相贴附着，形成一个保护虫卵的保护层。一滴雨水、一颗露珠都无法渗透进这个"瓦片"保护层。

这个保护层是如何形成的呢？原来是松毛虫蛾母亲蜕去身体的一部分来保护自己产下的卵。它把自己蜕下的皮壳为它的卵做成一个暖暖和和的被套。我们不妨在此引述一段雷沃米尔大师的话：

雌松毛虫蛾身体的尾部有一块发光片。我第一次发现时，它的形状与光泽就引起了我的注意。我拿一根大头针去触碰它，观察它的结构。大头针刚这么一触碰，便立即产生一个令我颇为惊奇的小小的现象：我看见大量闪闪发亮的小碎片分离开来，四处散落，有的向上飘去，有的向两旁飞落，其中最坚固的那一片，随着一些小片轻轻地落在了地上。

我所称之为小碎片的那些东西，全都是薄而又薄的薄片，有点像是蝴蝶翅膀上的鳞片，但却比后者要大得多。雌松毛虫尾部那块引人瞩目的板片，其实是一个鳞片堆，一个奇妙的鳞片堆。雌松毛虫似乎是用这些鳞片来覆盖住自己的虫卵的。这是我自己的推断，因为它们并没有告诉我它们是不是用这些鳞片来覆盖自己的虫卵，也没有告诉我其尾部的这个鳞片堆是派什么用场的。不过，可以肯定的是，它们的这个鳞片堆绝不是毫无用处，也不只是个装饰，而是有其用途的。

是啊，大师，您说得很对。这么既厚实又整齐的鳞片堆是不会无端地长在昆虫的尾部的。任何事物的存在都必然有其存在的理由。您用大头针一触碰就飞落的这些鳞片应该是用来保护其蛾卵的。您的推测合情合理。我用镊子夹轻轻一夹，真的夹到了一些有鳞片的浓毛。蛾卵显现出来，像一些白色珐琅质小珠珠似的。

它们紧紧地挤贴在一起，形成九个纵向列队。我数了数其中的一个列队，共有三十五个蛾卵。这几排蛾卵几乎一模一样。圆柱体上卵的总数约在三百个左右。一个松毛虫蛾母亲拥有一个多大的家庭啊！

　　一个纵向列队的卵与相邻的两个纵向列队的卵精确无误地交叉贴靠着，不留一点空隙。看上去，犹如用珍珠制作的工艺品，小巧玲珑，巧夺天工，令人惊叹！不过，把它比为排列整齐的玉米更为确切。它就像一个缩微玉米棒，但其排列的几何图形更加优美、漂亮。松毛虫蛾的"穗儿"上的颗粒略呈六角形，是虫卵相互挤压造成的。它们彼此牢牢地黏合在一起，无法分隔开来。如果卵块遭受破坏，它就一片片、一块块地从松针上脱落下来。这些小块全都是由好多的蛾卵组成的，而产卵时产下的珠状物便由一种如漆一样的黏性物质给黏结起来。保护性鳞片那宽阔的基部就固定在这片"漆"上。

　　天气晴朗，风和日丽时，观赏松毛虫蛾母亲制作这种如此齐整美观的杰作，观赏卵刚刚产下，这位母亲用一片片从尾部脱离的鳞片来为卵制作"屋顶"，真的是非常有趣的事情。卵并不是呈纵列产下的，而是呈圆形、环状产下的，这一点是显而易见的。这些"环"叠合在一起，让卵粒交替地排列着。产卵是从下面，从接近松树复叶的下端开始的，在上面宣告结束。最早产下的是最下面的圆环形的卵，最后产下的则是最上面的那个圆环形的卵。鳞片全是纵向排列，而且被朝向树叶的那一端固定住。鳞片的安排布置不会有任何的差异。让我们仔细地欣赏一番我们眼前的这座漂亮的"建筑物"吧。无论年老年少，无论有才无才，人人见了这个娇小玲珑的松毛虫蛾"穗子"，都会啧啧称赞的。让我们印象最深的，并非那像珐琅一般美丽的"珍珠"，而是它们那极其整齐划一、呈几何图形的组合排列。一只小小的松毛虫竟然也在遵循协调一致、和谐有序的规律。

如果米克罗梅加斯^①想到再一次地离开西里乌斯^②的世界，前来访问我们所居住的行星的话，他会在我们中间找到美吗？伏尔泰^③的书中的描写，让我们看到米克罗梅加斯是如何做的：他把项圈上的一颗钻石取下，制成一个放大镜，用来观察一艘在他的大拇指上搁浅了的三层战舰；他与全体水兵交谈；一片指甲碎片被弯成一个顶篷，把战舰遮盖起来，并且充作聋人的助听器；一根小小的牙签以它那细而长的尖尖触碰那艘战舰，让其一端翘起至一个图瓦兹^④，碰到巨人的嘴唇；这根小牙签充作受话器。从这场著名的交谈中，可以得出如下的结论：如果想要正确地评判事物，观察事物的新面貌，最要紧的是更换太阳。

这个叙利亚人很可能对我们的艺术之美毫无概念。在他眼里，我们雕塑艺术的杰作，包括出自菲狄亚斯^⑤的雕刻刀的杰作，只不过是大理石的或者青铜的玩偶而已。我们的风景画被认为是滥用绿色的令人厌恶的蹩脚画，我们的歌剧音乐被认为是浪费钱财制造噪音的音乐。

当然，米洛斯岛^⑥的维纳斯^⑦和贝尔维德尔^⑧的阿波罗^⑨是绝妙的上等雕塑。但是，要欣赏这些雕刻艺术就需要具有特殊的眼光

---

① 米克罗梅加斯：伏尔泰的一部哲理小说中的主人公，类似于英国作家斯威夫特的小说《格列佛游记》中的主人公格列佛。

② 西里乌斯：天狼星。

③ 伏尔泰（1694—1778）：法国启蒙运动思想家、作家、哲学家。

④ 图瓦兹：法国旧时的长度单位，一图瓦兹约等于 1.95 米。

⑤ 菲狄亚斯（约前 490—前 430）：希腊著名的雕刻家。

⑥ 米洛斯岛：希腊岛屿名。

⑦ 维纳斯：罗马神话中的爱与美的女神。

⑧ 贝尔维德尔：梵蒂冈收藏艺术珍品的宫殿。

⑨ 阿波罗：希腊罗马神话中司阳光、智慧、音乐、诗歌的神，即太阳神。

和见解。米克罗梅加斯看到这些雕刻艺术，对人类的身体之柔弱感到怜悯。在他看来，美是需要有别于我们那青蛙似的肌肉组织的其他东西。

相反，我们来让米克罗梅加斯看看那种有缺陷的风车。毕达哥拉斯 [①] 是埃及贤哲们的语录传播者，他教给我们如何观看直角三角形的基本特征。他是一位好心的巨人，但对事物却一无所知，所以我们应该向他阐释风车的意义何在。等他的思想开了窍之后，他就会完全像我们一样，发现那其中有着真正的美，当然喽，这种真正的美并不是存在于外观上，而是存在于三种长度间那永恒的关系中。然后，他便会完全同我们一样地去赞赏使体积均衡的几何学。

因此，有一种严肃的美存在着，它属于理性范畴，它在各个阶层中都是相同的。它在所有太阳的照射下都是相同的，无论这太阳是单一的还是繁复的，是白色的还是红色的，是黄色的还是蓝色的。这种普通的美就是秩序。世间万物都被制作得恰到好处。这句话非常伟大。它的真实性随着对事物奥妙的探索而更加明显。这种秩序，这种普遍的平衡基础，是一种盲目的机制产生的无法避免的结果吗？它是否如柏拉图 [②] 所说，进入了一个永恒的几何学家的规划之中了？它是一个至高无上的美学家的美吗？而这样的美正是世间万物存在的理由。

花瓣的弯曲部分为什么那么整齐匀称？金龟子鞘翅的雕镂花纹为什么那么精巧雅致？这种精巧雅致与它自身的暴力行为中的粗野力量能够兼容吗？

凡此种种，都是一些并无多大必要的思考，都是因将从那儿

---

① 毕达哥拉斯（约前 570—前 495）：古希腊哲学家、数学家。
② 柏拉图（前 427—前 347）：古希腊哲学家。

诞生的松毛虫的卷状物引发出来的。世界之谜当然可以在我们的这座荒石园昆虫实验室找到答案。所以，我们让米克罗梅加斯去考虑他的哲理问题吧，我们还是回到我们那平凡的观察上来。

松毛虫蛾在精巧地穿缀珍珠的技艺方面存在着一些对手，其中包括纳斯特里虫蛾。这种虫蛾的毛虫因其"服装"的缘故，被人称为"号衣"。它的卵像手镯似的聚集在不同性质的树木的枝丫周围，尤其是苹果树和梨树。谁要是头一次见到这种极其美妙的工艺品，自然而然地就会联想到心灵手巧的穿缀珍珠的少女。我儿子小保尔每次看见这种小巧玲珑、惹人喜爱的"手镯"时，都会惊讶得双目圆睁，惊叹不已。

纳斯特里虫蛾的环饰较短，特别是它没有壳套，所以让人想到另一种圆柱体来。这种圆柱体已经剥除了鳞片覆盖层。我们先别在它身上多费笔墨，还是来谈我们的松毛虫吧。

松毛虫蛾9月开始孵卵，有的稍早点，有的稍晚些，但相差时间不多。为了利于跟踪观察新生幼虫最开始的活动情况，我便在实验室的窗子上放了几根附有虫卵的树枝。树枝枝杈的下端浸在一杯水中，以使枝杈保持一段时间的新鲜。

8点钟光景，阳光照到窗子上之前，小毛虫便离开虫卵，我如果稍稍掀起正在孵化的圆柱体的鳞片，就会发现一些黑黑的脑袋正在轻轻地咬破并推开已经撕碎的顶板。这些小东西在慢慢地露出自己的身子，形成一片。

孵化后，从外观上看去，有鳞片的圆柱体与它在住满着居民时似乎一样整齐、新鲜。只是在把小碎片稍微掀起来时，才会发现里面根本就没有小虫子了。虫卵仍旧排列整齐，好似一个个稍稍打开的、略带半透明的白色杯状物。它们现在缺少无边圆帽状的盖子。这个盖子已经被新生幼虫给撕裂了。

这些细小微弱的创造物只有一毫米长。它们呈淡黄色，满身纤毛。其纤毛有短有长，短的呈黑色，而长的则呈白色。它们的脑袋黑黑亮亮的，直径是身子的两倍。下颚一开始就很有劲，能咬很硬的食物，与它的大脑袋相得益彰。脑袋大，有硬颚，这就是松毛虫新生幼虫的主要特征。它们一出生就开始吃食了。幼小的毛虫在摇篮似的鳞片中间漫无目的地爬动一段时间之后，其中的大部分都往摇篮里的松针上爬去。这些松针是它们出生的那个圆柱体的轴心，并且向外伸出去。另外的一些小毛虫便向邻近的松针上爬。它们在松针上啃噬，形成一道道被叶脉所限定的细小凹陷的条纹。

三四条吃饱了的小毛虫，排成一条线，一起爬行，但很快便又各自分开，各逛各的。我们只要稍微地打扰它们一下，它们便会轻轻地晃动身体的上半部，脑袋一冲一冲地轻轻晃动着，如同被一点一点放松的弹簧。

当阳光照到那喂养幼虫的窗户时，这个小小家庭的成员们在体力得到充分的恢复以后，便退往其出生的松叶基地，乱糟糟地聚集在一起，开始吐丝作茧。它们开始制作一个极其精细的气泡，这气泡倚靠在相邻的几个松针上。这是小虫子们的帐篷，它们在一张很稀疏的网下面，在毒日下午休。下午，阳光从窗子上移开之后，它们全都爬出隐蔽地，一边在四周分散开来，一边在半径仅大拇指那么大的范围内结队爬行，然后开始啃噬松针。

这样，虫卵在破裂之后不到一小时的时间里，松毛虫幼虫就变成了成串的爬行者和纺纱工。即使在恢复了体力之后，它们也还是怕光的，我们很快便会发现，它们要等到日落之后才会前往叶丛中去。

我们的纺纱工极其瘦弱，但却十分勤劳，它在二十四小时内所制作的丝球竟然大若榛子，而它在两个星期里所制作的丝球则会大若苹果。但这并不是它过冬的居所，只不过是个临时的隐蔽之所。这个隐蔽之所不够坚实，建筑材料十分低劣。在气候宜人的季节里，这种建筑就可以了，无须更高的要求。松毛虫幼虫尽情地啃啮这座建筑物的小梁和小柱，以及包在丝墙里的松针。它在小柱间拉起一条条的线绳，食宿无忧。这个居所条件不错，小虫子不用外出，免得遭遇危险。对于这些幼小的松毛虫来说，这吊床也是它们的食品柜。

支撑的松针被啃啮到叶脉后，就干枯了，很容易脱离枝杈。这时候，松毛虫小家庭举家搬迁，到别处去搭建新的帐篷。新帐篷建好后，使用寿命与前一顶帐篷一样长。这些临时性建筑一再地修建，而且搭建的位置越来越高，以致这个被圈在下面树枝上的松毛虫家庭，最后迁移到树枝的上端，甚至到达枝梢。

幼虫的毛系淡白色，非常密实，竖起来非常丑陋瘆人。几个星期之后，它们会进行第一次蜕皮。然后，它们会长出浓密而漂亮的毛来。在其背部表面，除前三个体节外，其他的体节都装饰着一幅由六块裸露的醋栗色小板拼成的镶嵌画，凸显于黑色的皮肤上。六块小板中，两块最大的在前面，两块在后面。几近点状的小板在这个四边形的两边各有一块。一个橙黄色的毛栅栏把这些小板块给围了起来。毛栅栏的毛呈辐射状，几乎是倒伏着的。腹部和胸侧的毛较长，呈淡白色。

在这件深红色细木镶嵌工艺品中央，矗立着两簇短小的纤毛。它们聚在一起，形成平展展的冠毛，像一个金色的点，在阳光下闪亮着。这时候，松毛虫已长大，长约两厘米，宽约四毫米。它已到中年，穿的就是上面提到的这套服装。

时近寒冬，已是11月了，该修建坚固御寒的住所了。松毛虫在松树的高处挑选一个松针密集而又恰如其分的枝梢，开始编织丝网，把枝梢覆盖住。这张网使毗邻的松针向内弯曲，接近中轴，最终隐没在编织物中。这么一来，松毛虫便替自己圈起了一个半丝半叶的居所，可以御寒了。

到 12 月初时，居所大功告成，有两个拳头那么大，体积达到两升。居所呈卵形，下部延伸到一个包裹着支撑住所的树枝的鞘套里。

每至晚上 7 点到 9 点，如果天气不错，松毛虫就离开虫窝，爬到下面的枝杈上。这儿是居所的轴心，道路宽阔，枝杈有的有瓶颈那样粗。松毛虫在其间无秩序地爬上爬下，慢慢腾腾，一批松毛虫尚未散开，另一批松毛虫又与之聚集在一起，一片乱糟糟忙乱乱的状况。这就是松毛虫共同体，枝杈挤在一起覆盖着它们。这个松毛虫共同体渐渐地又分散开来，爬到邻近的枝杈上去，啃噬松针。每只松毛虫在路上爬过去时都在不停地吐丝，宽阔的下行路在它们返回时便成了上行路了。由于它们这么日复一日地在这条路上爬来爬去，使得这条路上覆盖着大量的构成连续鞘套的线。它们这么做，是为了加固建筑物，使之具有深厚的根茎，并与固定不动的树杈连成一体。

该建筑群的上部包括鼓凸成卵形的居室，下部包括柄和蒂，还包括围绕着支撑物并把它的抗力增至其他系杆的抗力中的壳套。

每个未经松毛虫长期居住、没有变形的居室中央，都显露出一个不透明的白色大壳，由一个半透明的薄纱套围着。中央的大壳由密实的线织成，房间的隔板是一块厚厚的莫列顿双面起绒呢。大量的未被触动的绿松针作为围墙隐没于其中，这堵松针围墙可达两厘米厚。

在圆屋顶顶端有一些半开着的圆孔，数量不等，直径如普通铅笔杆儿一般。那是居室的屋门，松毛虫从那儿爬进爬出。这个白色大壳四周，有一些没有被啃噬的松针露出，直立着。每根松针梢都有一些丝线伸出，形成一个曲线，可作秋千用。这些丝线松弛地交织在一起，形成一个轻柔的帷幔，一个优美舒适的宽阔游廊。

那儿有宽阔的平台。白日里，松毛虫便爬到平台上晒太阳，小憩一会儿。它们相互挤靠着，脊椎弯成圆圈。上面张着的网恍若华盖，既可减弱太阳的强光，又可防止睡觉的松毛虫在风儿摇动枝杈时跌落下去。

我们沿着经脉把这居室剪开来观察。首先给人留下深刻印象的是，被圈于其中的松针未被触动，仍然在茁壮地生长着。幼小的松毛虫在它们的临时住所里啃噬被丝套罩住的松针，直至枯萎。而那圈松针围墙则是它们居室的房梁屋架，是不可触动的，一旦啃噬，致其干枯，北风一吹，房倒屋塌。松树上的纺织工们对这种危险心知肚明，不敢掉以轻心，即使饥肠辘辘，也不敢去锯梁毁屋。

上午 10 点光景，松毛虫爬出晚上居住的居室，来到灿烂阳光照射着的平台上。平台就在由松针梢支撑着的游廊下面。松针梢之间有一段距离的间隔。松毛虫每天上午都爬到平台上，互相挤在一起睡觉，互相焐着，舒适惬意，还不时地懒洋洋美滋滋地摇晃一下脑袋，以表示心满意足。晚上六七点钟，它们休息够了，活动一下身子，彼此分手，各自回到自己的居室里去。

这种景象让人看着十分着迷。只见一条条鲜艳的橙黄色斑纹在一大块白丝绸上蠕动，如波浪般此起彼伏。有的往上拱，有的往下爬，有的往左右散去，有的结成短短的队列，成行成串地爬行。一个个全都十分庄重豪迈，但却是毫无秩序地爬动着，一边不停地把始终挂在嘴唇上的丝绒粘在所经过的地方。

松毛虫把薄薄的一层丝与先前的那层丝并列起来，以增加居室的厚度。邻近的绿色松针被丝网勾住，弯进建筑物内。尽管这些松针的尖端不受拘束，但从这一点辐射开来，扩大丝网，并把丝网连接成更大的曲线。每天晚上，如果天气很好，你就会看到居室表面熙熙攘攘，一片繁忙，松毛虫一干就是两个小时，让居室更加坚固。

　　松毛虫这样未雨绸缪，对严冬如此这般地防范，难道它们已预见到冬季的难熬了吗？当然不是。尽管几个月的生活经验让它们懂得了点什么，那只不过是经验告诉它们家门口就有美味可口的食物，以及在平台上可以美滋滋地沐浴在阳光下休憩。而直到此时此刻为止，没有任何情况让它们预知冬季来临，寒风凛冽，冰刀霜剑，日子很不好过。但这些对冬天的苦日子一无所知的松毛虫竟然如此警惕，似乎对冬天将给它们带来什么样的灾难一清二楚。它们那股忙于加固居室的干劲儿，似乎在说："松树摇动它那积满霜的枝形大烛台时，我们在这儿你挨着我，我靠着你地睡着觉，真是舒服惬意啊！让我们加油干吧！"

　　为了密切地跟踪观察松毛虫的生活习性，我在暖房里放了六个虫窝。每个虫窝由充作其轴心和屋架房梁的树杈固定在沙土上，高度有两件衣服的下摆加在一起那么高。幼虫像是分配口粮似的，接受一束小小的松树枝杈。这些细枝嫩叶被啃噬之后，会很快地重新生长出来。我每天晚上都要提着灯笼去查看我的这些寄宿者，由此而获得了大量的第一手资料。

　　松毛虫的晚餐通常一直要延长到深夜，直到吃得肚子圆鼓鼓的才返回自己的窝里去。然后，还要在自己的这个居室里的室面上再纺织一会儿。等到全体松毛虫都返回室里来，那已经快到半夜1点了。

　　一方面，作为饲养者，我的任务是每天必须更换那些已经被啃噬到只剩最后一根针叶的细小枝杈；另一方面，作为博物学者，我要了解松毛虫的饮食变化。松毛虫对树林里的松树、海洋松树和阿勒普松树并不加以区别，它们在其上照爬不误，但却从来不在其他针叶树上爬行。可是，似乎所有被树脂的香气弄得十分芳香的树叶对它们都挺合适的。在我的荒石园昆虫实验地里，生长着各种松树代用品：冷杉、紫杉、侧柏、刺柏和其他柏树。可是，尽管这些树也含有树脂的香气，但松毛虫们却不去啃噬。只有一种针叶树——雪松例外。我的这些寄宿者在吃雪松树叶时，并没显露出丝毫厌恶的感觉。为什么雪松可以，其他的就不能充作替代品呢？这我还不清楚。松毛虫的胃同人的胃一样谨小慎微，这其中必定有什么奥秘。

我们再来研究一下松毛虫居室的结构吧。我在虫窝中部打开一道缝隙。由于劈开的莫列顿双面起绒呢的天然抽缩，这道缝隙在窝里的中部微微张开，宽约两指，上下两部分都缩成了纺锤体。此时正是白天，松毛虫都在圆屋顶上成堆成堆地打盹儿，其居室内空无一人，我可以放心地用剪刀剪裁，不会造成松毛虫们的死亡。

天黑了，松毛虫们依然没有警觉，帐篷上的裂口并未造成它们的惊恐，它们仍旧在它们的居室表面上爬来爬去的。它们照样在忙乎着，像平时一样地在纺线。它们的行为方式没见一丝一毫的变化。有几条松毛虫在行进中倒是爬到了裂缝的边缘，但它们并不惊慌，并不着急，并无弥合起裂缝的意思。它们只是在犹豫着，看看如何越过面前的这个艰难的通道，好继续爬行闲逛。它们在自身长度所允许的范围之内，尽量地把丝线吐得远远的，固定住，以便勉勉强强地越过这道危险的障碍。它们终于越过了深渊，然后便沉着冷静地继续在缺口边上行进着。这时，又有一些松毛虫爬了过来，像利用人行小桥似的利用已经搭在缺口上的丝绒，爬过缺口，并且还在上面留下了自己吐出的丝线。这么一来二去的，裂缝下面便多了一张纤细的薄纱，薄得几乎看不出来，刚刚够当地居民在上面穿梭往来的。同样的情况在随后的几个晚上重复发生着。渐渐地，这个裂缝便被一张薄薄的蜘蛛网似的网给封上了。

　　冬末时节，不再有什么事了。我用剪刀剪开的窗子仍然半开着，只是有张网封着。在这块有裂隙的织物上，未见一处织补了的地方，未见一片莫列顿双面起绒呢添加在两边裂片之间，屋顶仍旧未被整修完整。这要是在露天野地里，而不是在我的玻璃暖房中，那么，这帮愚蠢的纺织工很可能就被冻死在它们有裂缝的居室里了。我重复做了两次这个实验，结果都一样，这就说明，松毛虫并未意识到有裂缝的居所之危险。它们似乎并没有意识到自己的劳动成果遭到了破坏。它们并没有把自己的丝节约下来，用到修补自己的居室上来，而是仍在那儿编织与室内其他墙壁一样坚固厚实的布料。

　　我又一次地去打扰我的寄宿者们了。但这一次，我不是搞破坏，而是让它们受益。我很快就发现，住在冬季住所里的居民往往比住在由幼小的松毛虫编织的临时掩蔽所里的居民数量要多。我还发现，这些虫窝到了最后，体积大小不同，差别很大，最大的比五六个小的加在一起还要大。这种差异的原因何在？

　　松毛虫是被各式各样的贪馋者所利用的另一个有机物工厂。因此，它们一旦孵化，数量便急骤减少。一口鲜美的食物使几十个幸存者留在了小球状物所形成的薄网周围。松毛虫家庭在这张网里度过秋高气爽的季节，然后，很快就得考虑度过严冬的牢固的帐篷的问题了。这时候，家庭人丁兴旺是大有好处的，人多力量大，联合起来好办事。

　　我猜想，存在着一个容易舍得几家人家的办法。它们把自己吐出的丝连成的丝带作为在树上爬动的向导。它们在沿着这条丝带返回时，在上面急速转弯。而这么一转，可能就不再是这同一条丝带了，而是另一条与原来的那一条别无二致的丝带。而这另一条则是通向邻居家的路。迷路的松毛虫仍傻乎乎地在上面爬着，并不知道自己已经是上了另一条道了。

这突然而至的陌生者是否能受到邻家的盛情接待呢？这一点尚需观察。晚上，我把住满了一窝住户的细枝权剪下来，放在邻近虫窝所在的松树针叶上，而这松针粮食垛上，松毛虫同样是占得满满的，大大地超载了。于是，我便把驻扎着第一个虫窝的那簇青枝绿叶整个儿地插在第二个满是虫子的枝叶旁，让两簇枝叶的边沿稍微有点交叉混杂。然后，我发现，原住户与外来者没有发生任何的争斗，各自相安无事，埋头吃食。吃饱归巢时，各自又都平平静静地往自己的窝里爬去，如同一直生活在一起的兄弟姐妹。睡觉前，大家忙着纺织，把被子弄厚实一些，然后爬进窝内。第二天，第三天，情况需要的话，我就继续这么做。这样一来，我轻而易举地就把第一个虫窝给完全倒空了，让里面的松毛虫悉数进到第二个窝里去了。松毛虫真是宽厚仁爱的虫子，很愿意接纳新的居民。纺织工越多，出的活儿就越多，这真是一条十分正确的为人处事的规矩。而被送走的松毛虫，对自己的旧居并无依恋不舍的表示，它们到了别人家里，就像是在自己的家里一样。它们根本就没有尝试要返回原先的窝里去。这绝不是回家的路途遥远所致，因为两处居所的距离不过是两件衣服下摆的长度。

松毛虫此时此刻尽管彼此和平共处，相安无事，但是它们也同其他昆虫一样，也会因利害所致排斥异己。松毛虫蛾母亲将要离群索居，唯恐会失去自己将在上面产卵的松树针叶。雄蛾扑扇着翅膀，为争得它们所垂涎的雌蛾而争斗。这毕竟是它们在交尾期里经常发生的打斗，对于这些温厚宽容的虫子来说，已算是比较激烈的。

松毛虫几乎是无性的，这是它们相互间得以和睦相处的主要原因。可是，光凭这一点还不够。完美的和谐还需要在全体成员之间平均分配力量、才能、劳动本领等。这些条件也许支配着其他的昆虫，而松毛虫则具备全部上述条件。所以，尽管同一个窝里可能生活着成百上千的松毛虫，但它们在上述条件方面，几乎是难分伯仲的。所有的松毛虫力气相同，身材相同，服装相同，纺织本领相同，干劲相同，它们把自己丝囊里装着的东西全都吐出来，用于集体的福利事业。在干活儿的时候，人人卖力，个个争先，从不懒散拖沓。除了因完成自己的职责而感到满足之外，没有别的什么可以刺激它们。松毛虫的队伍里，没有能干与笨拙之分，没有强大与弱小之分，没有贪馋与克制之分，没有勤劳与懒惰之分，没有注意节约与大肆挥霍之分。这是一个真正平等的世界，可惜的是，这只是松毛虫的世界。

现在，我们再来说说松毛虫爬行时那有趣的行进行列。因为巴汝奇心怀叵测地把一只头羊扔进大海，弄得商人丹德诺①的羊全都跟着这只头羊跳进了大海。按照拉伯雷的说法，这是因为绵羊是世界上最愚蠢、最荒谬的动物，天性让它们总是跟在头羊的后面盲目地走着。松毛虫则并非因为愚蠢荒谬，而是出于需要，它们比绵羊更加盲从，第一条松毛虫爬到哪儿，其他的松毛虫全都排成整整齐齐的行进行列，像朝觐者似的，整齐肃穆地往前爬去，中间绝不会出现空当。它们的行进行列犹如一条连绵不断的细带子。每一条虫子都与自己身前身后的两条松毛虫首尾相接。领头的松毛虫随心所欲地游游荡荡，爬出一条复杂多变的曲线来，其他的松毛虫则一丝不苟地沿着它那弯来绕去的线路爬行。可以说，古希腊前往厄琉息斯城朝拜德墨忒耳神庙②的朝觐者的宗教仪式行列，与之相比，也略逊一筹。不过，松毛虫只是在绷得紧紧的

---

① 丹德诺：法国著名作家拉伯雷的名著《巨人传》中的人物。

② 厄琉息斯城位于雅典西北部，是一座古城，城内建有谷物女神德墨忒耳的神庙。古希腊时期，每年不断地会有大批大批的朝觐者前往朝拜，排成长长的队伍，整齐肃穆。

"钢丝绳"上走钢丝，它一边在前进，一边在铺设钢丝轨道。领头的那条松毛虫在不断地吐丝，把丝固定在它随心所欲地弯来绕去的道路上。它留下的丝路细得很，即使用放大镜去细细观察，也只能是依稀可辨。

第二条松毛虫踏上这座独木桥时也在吐丝，从而使桥的厚度增加了一倍。第三条松毛虫又继续替桥加固加厚，就这么一个接一个地用它们的丝在这座桥上涂上胶质物。最后，这个松毛虫行进队伍过去之后，身后就留下了一条狭窄的带子，这带子晶莹白亮，在阳光下闪烁着。这是一项与大家息息相关的工程，每条松毛虫都为之献出了自己宝贵的丝。那么，它们为什么这么浪费自己的丝呢？我从它们前进的方式悟出了两个理由。松毛虫是在夜间去啃噬松针的。它们在暗暗的黑夜里，爬出位于枝梢的居室，沿着裸露的树枝，一直下到下一根尚未被啃噬的分枝。随着上一根被啃得干干净净，下一根的位置就越来越低，松毛虫们必须爬到那根尚未被触动的小树枝上，在绿色丛中分散开来，分头啃噬。等到用餐完毕，夜晚更加寒冷了，该返回窝里去躲藏起来。沿着直线爬行，这段归程并不算长，还不足两臂相加的长度，但是，对我们的这些爬行者来说却是无法跨越的。它们必须从一个十字路口下到另一个十字路口，从松针下到小枝杈，从小枝杈下到小枝，从小枝下到大枝，再从大枝经过一条同样是拐来拐去的小路，爬回自己的居室。这条归途，漫长曲折，变化多端，靠视觉认路根本就不可能。松毛虫头的两侧有五个视觉点。在放大镜下面，它们都显得极其细小，难以辨认，所以这些视觉点是看不远的。再说，夜里黑漆漆的，它们的这种近视透镜又能起什么作用？

另外，松毛虫的嗅觉极其迟钝，靠嗅觉引路也是不可能的。我做实验时，有几条饥不择食的松毛虫就为我提供了佐证。这些饿了很久的松毛虫，经过一根小松树枝的时候，没有显露出丝毫贪馋和停步不前的迹象。是触觉在为它们提供信息，尽管饿得不行，只要自己的嘴唇没有偶然触到这个丰饶的"牧场"，就没有一条松毛虫会止步不前。它们不会向嗅到的食物爬去，而只是在挡道的小枝上停留下来。

那么，视觉和嗅觉全都被排除了，还剩下什么在引导松毛虫回到自己的窝里去呢？那就只有它们沿路吐丝所织成的那条丝带了。在克里特岛的迷宫中，忒修斯①要是没有得到阿里阿德涅②给他的一团线绳的话，他是不可能走出那座迷宫的。松树上的那一大堆横七竖八、乱七八糟的松针同米诺斯迷宫③一样，错综复杂，无法爬出来，在黑夜里，尤其如此。因此，松毛虫是借助自己铺设的那一条细窄的小丝路在松针丛中爬行而不致迷路的。在归途中，每一条松毛虫都轻而易举地便找到了自己的那根丝线，或者相邻的那条丝线。这条小丝带与邻近的松毛虫群织成的一条条丝带交织在一起，形成一个扇形。这个分散开来的部落渐渐地集合在那条共同的带子上，排成直线，呈仪式队列，而这条带子的起始点或者称之为终点，就是松毛虫的居室。这个饱饱地大啃大嚼了一顿的松毛虫商队，沿着这条丝带，一定不会迷路，可以顺利地回到自己的家园。

白日里，哪怕是在寒冬腊月，每当天气晴和的时候，松毛虫有时甚至会长途跋涉，进行探险。它们从树上下到地上，结队行进五十多米。它们这并不是外出觅食，因为它们出生地所在的那棵松树上仍旧枝叶繁茂，未被吃光啃尽，已经被它们吃尽了的那根小枝与整棵大松树比较起来，算不了什么。

① 忒修斯：希腊神话中的雅典国王。
② 阿里阿德涅：希腊神话中克里特岛之王米诺斯的女儿，忒修斯的情人。
③ 米诺斯迷宫：米诺斯的孙子在克里特岛上所修建的迷宫。

而且，尽管黑夜尚未完全结束，但它们已开始停止咀嚼了。它们下到地上来，根本没有什么特殊的目的，只不过是进行一下有益健康的散步，看看周围有些什么新鲜玩意儿，也许还想查看一下那块沙土地，因为它们以后将要在那沙土地上换形变态。很显然，它们的这种大规模的活动，起引导作用的仍旧是那小丝带。离家这么远，那丝带的作用就更不可小觑。所以，每只松毛虫都必须尽力地吐丝，为这丝绸之路尽自己的一份力。每行进一步，一个个全都不遗余力地在吐丝铺路，这已经成了一条不成文的规定。

　　如果结队行进的这宗教仪式行列很长，那么这丝绸之路就很宽很阔，容易找到。不过，在返回时，找起来也要费点周折的。因为，我已经说过了，行进中的松毛虫不是整个身子直直地翻转过来的，它们是无法做一个一百八十度的转弯的。所以，为了踏上原先的路，松毛虫就不得不像画鞋带似的行进着。领头的松毛虫随心所欲地决定这条丝带的弯曲程度和长短宽窄。它是在摸索之中前行，行动路线游移不定，弄得自己队伍里的松毛虫们不得不风餐露宿。但这也无大的妨碍，因为松毛虫们会聚集在一起，蜷缩成团，彼此紧紧地依偎着，一动不动。等到第二天，旭日东升，再去探路。寻找的过程有快有慢，但最终还是会很走运的，它们弯弯曲曲地爬来爬去，往往突然之间便碰到了那条来路。一旦领袖找到了回归路，众松毛虫便急匆匆地上路了，紧赶慢赶地往家园赶去。

　　另外，这些用来铺设路径的细丝，用途十分明显。为了免遭寒冬劳作时必然会遇到的寒风霜雪的侵袭，松毛虫们会为自己建造过冬的隐蔽所。这时的松毛虫已经孤孤单单，丝囊中存货严重不足。于是，众松毛虫便积少成多，集腋成裘，成千上万的松毛虫通力合作，共同修建宽敞持久的大厦。

工程耗时费力。松毛虫们每晚都在对工程进行加固、扩大。每只松毛虫无论住得远住得近，都会凭借丝线的指引奔往干活儿地点，从上下左右，从一簇或另一簇细枝赶来。丝线是这个群体的绳带，是维护这个共同体成员的团结一致、齐心协力所不可或缺的网。

　　没有任何事情能够把领头的松毛虫与它的跟随者们分开。它排在仪式行列的最前头纯属偶然，它是这支爬行队伍的临时军官，是它们现任的总指挥。过一会儿之后，如遇到意外情况，大家分散开来，然后再依不同次序重新排列成行时，担任总指挥的可能又变成另一只松毛虫了。

　　领头的松毛虫在行进时，显得摇摆不定，犹豫不决，身子的前半部忽而伸向这边，忽而又伸向那边，似乎是在探测地形，寻找路径，也许是道不熟，缺少一根引导的丝线的缘故。而跟随在它身后的随从们，却是驯服而平静的，它们脚爪间的细带子让它们感到心里十分踏实，不像自己的总指挥，因为缺少这根引导线的支持，心中没底，感到惶恐。

　　行进行列的长短千差万别。我曾见到过在地上操练得最美的行列长达十二米，有将近三百条松毛虫。它们排列成波浪形的带子，规矩整齐。

　　从 2 月起，我的暖房里便出现了各种大小不同的队列。我想试探一下，把它们的总指挥弄走，把丝线弄断，看看会出现什么样的后果。

　　取消行进行列的头领之后，倒也没有发生什么大的变化，第二条松毛虫立即便成为总指挥了。如果没有出现什么麻烦的话，队伍的行进速度不会有任何的改变。那第二条松毛虫一旦成为队长，便立即了解了自己作为引导者的职责，开始探索着，领导众松毛虫往前爬去。

丝带断了也无伤大雅。我把行进行列中央的一条松毛虫拿开，并轻手轻脚地截掉这条松毛虫所占有的那一截丝带，还把它剩下的最后一点丝线给抹掉。这样一来，一队行进行列一分为二，成了两支队伍，互不依赖，又各有各的队长。后面的这支队伍也可能会与前头的队伍会合，因为毕竟二者之间的间隔很短，那样的话，又恢复成一个长长的行进行列了。但往往一分为二后就不再合二为一了。这两支队伍各行其是，各走各的，随心所欲，越离越远。然而，不管怎样，两支队伍的松毛虫无论游荡到哪儿，迟早都会在截断处找到那条引路的带子，回到自己的居所中去。

我做了上述两个试验之后，又开始思考着再做一个有概括性的试验。我打算在把连接着道路并可能改变道路的丝带破坏了之后，再让松毛虫画一个封闭的圆圈。松毛虫会像火车扳过道岔后那样继续向前吗？还是在圆圈上打转儿，永远也走不到目的地？

我首先想到的是，用镊子把行进行列的尾部的丝带夹住，不让它抖动或弯曲，然后把它放到队伍的前头。如果总指挥加入这个行列，便大功告成，其他松毛虫必然是紧随其后，忠实地往前爬着。但理论上容易，操作起来却十分困难，因为这根丝带极为纤细，稍微粘点儿沙粒，就会被沙粒坠断。即使不断，只要稍有振动，后面的松毛虫就会警惕起来，缩成一团，甚至舍弃这条丝带。

更加困难的是，领头的松毛虫拒不接受为它安排的那条丝带。它对被截断的、置于其前的这条带子满腹狐疑。它东看西看，扭来扭去，然后便溜到旁边去。我把它又弄了回来，逼它就范，但它拼命挣扎，缩成一团，一动不动。随即，整个行进行列全都受到了它的影响，无奈之下，我只得罢休。

1896 年 1 月的最后一天，将近晌午时分，我突然间发现有一长列的松毛虫在窗台上，正向它们所喜爱的花盆盆沿爬去。一条接一条的松毛虫缓慢地爬上那只大大的花盆。上了盆沿之后，便排成了整齐的行进行列。这时候，我又看见另外一些松毛虫也陆陆续续地爬过来了，形成了一个长长的大队。我在等待着这条细丝带闭合起来，也就是说，等着那个始终沿着盆沿边爬行的总指挥回到它在盆沿开始绕圈的起始点。一刻钟的工夫，这条环形路轨便铺设成功了。这么一来，这个连续不断的环形行进行列就不再有头领。每条松毛虫前都有另外一条在爬行，在丝带的轨迹的引导下，紧跟着前面的同伴。这条轨迹是集体努力的战果。大家都规规矩矩地在铺设好的路上行走着，绝对服从并完全信赖原本应当为它们开路实则已被我巧妙地取消了的向导，因为每条松毛虫都既是头领又是随从了。这条丝绸之路在逐渐加厚加宽，变成了一条窄带，起点与终点相会，没有任何的支线，因为稍有一点分支，我就立即用刷子把它刷去。花盆盆沿上的松毛虫就这么不停地转着圈，致使那条丝绸之路竟然成了一条两毫米宽的丝带，非常漂亮。我计算过，它们的平均速度为每分钟九厘米。行进途中，它们因气温的由暖变凉或过分劳累而速度放慢。它们已经走了十个小时了，也该饿了。我把一大束松枝放在近旁，绿油油的，简直就是它们的一片天然牧场。但是，可怜的松毛虫们却并没有爬向牧场，而是仍旧老老实实地沿着那条已成形的丝绸之路绕着圈子。第二天，天一亮，我就去探望它们，但它们仍旧是那么排列着，只是一动不动了。太阳出来，气温上升，它们才摆脱麻木状态，活泛起来，又像头一天那样沿着圆圈爬行了。就这样，一连五天五夜，这支松毛虫队伍不吃不喝，只是偶尔歇息一番，始终坚持在那条道上。最后，疲劳倦怠使它们变得混乱了。有不少松毛虫因腿脚带伤，不肯前进，行进行列的断裂现象在不断地增多，形成了好几个截段，每个截段便出现了一个首领。各个首领都在东探西寻，像是要找出一条脱身之路。但是，直到夜幕降临，所有的松毛虫又恢复成了一个行进行列，无休止的画圆行动又开始了。直到第八天，有些松毛虫头领（因为其间又出现过截段）沿着头两天探路时留下的一些短小的丝路，从盆沿上爬下来。渐渐地，其他的松毛虫也就跟随其后下了花盆，全部回到了自己的住所。

现在，我们来粗略地计算一下，松毛虫在花盆盆沿上待的时间应该是七个二十四小时。扣除它们因疲劳或夜晚的寒冷所导致的休息时间，就算去掉一半，也走了八十四个小时。按其平均每分钟爬行九厘米计算，总行程应为四百五十三米，几乎有半公里的路程。大花盆的周长为一米三五，那么，松毛虫在这个始终走不到头的圆圈里，始终朝着一个方向转了三百三十五次。因此，我们可以看出，松毛虫得以脱身，纯属偶然。如果不是截段的某些头领另外探了一点不长的路径的话，那么，它们就会一直这样走下去，至死方休。

圣甲虫

  做窝筑巢、维护家庭，表现的是种种本能特性中最崇高的一种。鸟儿这灵巧的建筑师告诉了我们这一点；在本领方面更加多样化的昆虫也让我们见识了这一点。昆虫对我们说："母爱是本能的崇高灵感。"母爱旨在维护族类长期繁衍，这是具有远胜于保护个体的更加利害相关的大事，因此母爱在唤醒最迟钝的智力，使之高瞻远瞩。母爱远远高于神圣的源泉，不可思议的心智灵光便孕育其中，并会突然迸射而出，使我们顿悟一种避免失误的理性。母爱愈坚，本能愈优。

  在这一方面最值得我们关注的是膜翅目昆虫，它们身上凝聚着最充分的母爱。它们所有的本能才干都倾注于为自己的子孙后代觅食谋屋。为了其复眼永远看不到而其母爱之预见性却深深知晓的家族繁衍，它们是种种天赋才能的行家里手。有的是棉织品和许多絮状物品的编织能手；有的是制作细叶片篓筐的能工巧匠；有的是泥瓦匠，建造水泥房间、砖石屋顶；有的是陶瓷行家，用黏土制作高档的尖底瓮、坛罐和大肚瓶；有的擅长挖掘，在湿热的地下建造神秘的地宫。它们掌握着成百上千种技艺，与我们人类所掌握的相仿，甚至有些还不为我们所知，而它们却在用于住房的建设。随即便得考虑将来的食物：一堆堆的蜜，一块块的花粉糕，精心制作的野味罐头……这类的工程是专以家庭的未来为目的的，其中闪烁着在母爱的激励之下的本能的种种最高表现。

昆虫学范围内的其他一些昆虫，母爱一般来说都很浮皮潦草，敷衍塞责。几乎大多数的昆虫，只是把卵产在合适的地方就不管了，任由幼虫冒着危险和死亡去寻觅居所和食物。抚养如此马虎，才干有没有也就无所谓了。来库古[①]把各种艺术统统从其共和国驱逐出去，他指责这些艺术是使人们萎靡不振、意志消沉的玩意儿。就这样，在以斯巴达方式养育的昆虫中，这些本能的高级灵感也就被去除了。母亲从温柔甜蜜的育婴工作中摆脱出来，那么一切特性中最最优秀的智能特性也就逐渐减弱，直至泯灭，因为无论是对于动物还是对于人类，家庭都是尽善尽美的源泉。

如果说对子孙后代关怀备至、体贴入微的膜翅目昆虫令我们赞叹不已，那么不顾后代死活、任其听天由命的其他昆虫相比之下就显得很不像话了。而所谓的其他昆虫则几乎是昆虫之全部，起码就我所知，在各地的动物志中，像采蜜的昆虫和埋野味蒌的昆虫那样，为自己的家人准备食物和住所的昆虫仅有一种。

而奇怪的是，这类在细腻的母爱方面可与以花为食的蜂类相媲美的昆虫，竟然是以垃圾为对象，以净化被牲畜污染的草地为己任的食粪虫类。要想再找到不忘母亲职责又有丰富的母性本能的昆虫母亲，就必须离开芬芳四溢的花坛，转向大马路上被骡马拉下的粪堆。大自然中类似的两个极端比比皆是。对于大自然来说，我们的丑和美，我们的龌龊与干净算个什么？大自然以污秽

---

① 来库古：古代斯巴达共和国的著名立法者。

创造出鲜花；用一点点粪肥就能给我们创造出优质的麦粒。

各种食粪虫尽管成天与粪便打交道，但却享有一种美誉。它们的身材一般都小巧玲珑，穿戴庄重而且无可挑剔的光鲜，身子胖乎乎的，呈短壮体形，额头和胸廓上都佩戴着奇异饰物，因此在收藏家的标本盒里显得光彩照人，尤其是法国的那些品种，乌黑油亮，外加一些热带的品种，金光闪烁，黑紫油亮。

它们是畜群挥之不去的客人，但它们身上可散发出一种苯甲酸的微微香气，可以净化一下羊圈里的空气。它们那田园诗般的习性令昆虫分类词典的编纂者们大为震惊，因此这些以前不怎么关心其痛痒的学者们这一回却改变了看法，对它们进行简介时也用上了一些听起来好听顺耳的名字：梅丽贝、迪蒂尔、阿曼达、科利冬、阿莱克西丝、莫普絮斯等。这些名字都是古代田园诗人们常用且叫响了的名字，维吉尔式的田园诗中的词汇用来赞颂食粪虫了。

一堆牛粪堆儿上，瞧那个你争我夺的劲头儿呀！从全球各地蜂拥到加利福尼亚的淘金者们也没有它们的那股狂热劲儿。在太阳太毒之前，它们成百成百地奔来，大大小小，形状各异，体形有长有短，品种齐全，全都乱糟糟地爬来滚去，意欲在这个大蛋糕上为自己分上一份儿。有的在露天干活儿，在表层搜刮；有的钻进厚实的牛粪堆里，挖出地道，寻找优质矿脉；有的开凿底层，立即把财宝埋进地里；那些个头儿小又无力气的则待在一旁捡拾其身强力壮的合作者们掉下的渣渣屑屑。有几个新来的想必是饿得不行，在原地就吃上了，但大多数则是想大捞一把，藏于安全之处，以备不时之需。当你想置身于百里香遍地的原野时，一点新鲜牛粪都见不到，突然来到这里，见到这么大堆大堆的宝物，那真是天赐之物呀，只有有福分的才有这么幸运。因此，它们便把今天这宝贵财富小心谨慎地收藏起来。粪香四溢，方圆一公里都能闻到，食粪虫们闻讯纷纷赶来，抢夺、瓜分这些美味食品。有几个落在后面的又跑又飞地正忙着往前赶。

那个生怕到得太晚而向着粪堆一溜儿小跑的是哪一位？它那长长的爪子僵硬笨拙地倒腾着，仿佛其肚腹下面有一个机械在推动着似的；它的那对棕红色小触角大张开来，透着垂涎欲滴的焦急不安。它在拼命地赶，它赶到了，还撞倒了几位食客。

它就是圣甲虫，一身墨黑，是食粪虫中个头儿最大又最有名气的一种。古埃及人对它尊崇备至，把它视作长生不老的象征。它已入席，与其同桌的食友并肩战斗，其食友们正在用自己宽大的前爪心轻轻地拍打粪球，进行最后的加工，或者再往粪球上加上最后一层，然后抽身而去，回家安安心心地享用自己的劳动成果。我们来看一看那有名的粪球的一道道制作工序。

圣甲虫头部边缘是个帽子，宽大扁平，上有六个细尖齿，排成半圆。这就是它的挖掘和切割工具，是它的齿耙，可以用来撬起和抛撒无养分的植物纤维，把好东西耙在一起积聚起来。挑选食物就是这样进行的，因为对于这些精细的行家来说，什么好什么差它们是十分清楚的。如果圣甲虫是为自己寻找食物的，它们选个差不离儿就行了，但如果是为了自己的孩子考虑的，那它们则会严格挑选，一丝不苟。

为解决自己的食物问题，圣甲虫并不挑剔，粗略地选一选就行了。它用带齿的头盔拱一拱，挑一挑，去除不需要的，然后把其他的归拢一下就得了。两条前腿一起用力地忙乎，其前腿是扁平的，弯成弓形，上有粗壮的纹脉，外侧配备着五个硬齿。假如需要用力，推开障碍物，在粪堆中最厚实的部分清出一条道来，圣甲虫便用肘力，也就是说用其带齿的前腿左扫右拨，再用齿耙用力一耙，便清出一个半圆形的空地来。场地清好之后，前腿还有另一种工作要做：把耙到的东西归拢在一起，弄到自己的肚腹下后面四只爪子之间去。这后面四只爪子是生就为了做旋工工作的。这些足爪，尤其是那最后的一对，又细又长，微微弯曲成弓形，顶端长有一个很锋利的尖爪。稍许看上一眼就会知道它们酷似圆规，在其弧形支脚之间，环成一种球形，可测量球面，加工球形。它们的功用确实是加工粪球的。

食物一耙一耙地被耙到肚腹下面的四条腿中间，后腿再稍一用力，就把粪球的雏形按腿部曲线给挤压成了。然后，这雏形粪球不时地被四条后腿形成的两副圆规摇动、挤压，逐渐变小变实，再由肚腹加工，粪球的形状臻于完善。如果粪球表面层太硬，有剥落的危险，或是某一部分纤维太多，无法旋的话，前腿就对不合适的地方进行再加工，它们用宽大的拍子轻轻拍打粪球，使得新添加的东西与原先拍得很实的合二为一，并把那些不易粘贴的东西拍实在粪球上。

烈日当空，加工工作在紧张地进行之中，你可以看到活儿干得多么利索，让你肃然起敬。那活计如此这般地飞快地进行着：一开始是个小弹丸，现在变成了一粒核桃，不一会儿就有苹果一般大小了。我曾见过食量大的圣甲虫竟然旋出一个拳头大小的粪球，这肯定得花好几天的工夫。

储备的食物制作完毕，现在就得撤出混乱的战场，把食物运到合适的地方。这时候圣甲虫最令人惊奇的习性开始展现出来了。圣甲虫迫不及待地上路了；它用两条长后腿搂住粪球，而后腿尖端的利爪则插入球体中去，当作旋转轴；它以中间的两条腿作为支撑，而以前腿带护臂甲的齿足作为杠杆，双足轮流着按压、弓身、低头、翘臀，倒退着运送粪球。后腿是这部机器的主要部件，它们在不停地运作；它们一来一回，变换着足爪，以调整轴心，让负载物保持平衡，并在其一左一右地交替推动之下，把粪球往前滚动。这样一来，粪球表面各点都轮流地接触地面，使之不停地碾压，形状更加完美，而球面硬度因均匀地受压而趋于一致。

使劲儿呀！行了，它滚动了，它一定会被运到家的，当然少不了遇上困难。这一个困难说来就来，但还不算严重：圣甲虫碰到了一个斜坡，沉重的粪球要顺着斜坡滚下去的，但是圣甲虫认准了自己的理儿，偏要横穿这条天然道，这可够大胆儿的，稍一失足，稍踩到一点碍事的沙子，就会失去平衡，前功尽弃。果不其然，它脚下一出溜，粪球便滚到沟里去了；圣甲虫被滑落的粪球一带，弄了个仰面朝天，手脚乱蹬乱踢的。它终于翻转身来，追赶粪球。它的机器更加卖力地工作起来。——该当心点儿了，傻蛋儿；沿着沟底走，既省力又保险；沟底路好走，特别平坦；你不用太用力，粪球就能滚动向前的。——可是圣甲虫就是不听，它偏要再往那个对它来说是不祥之物的斜坡走。也许再登高处对它来说是合适的。对此我无话可说，因为就身居高处的优越性而言，圣甲虫的看法比我的看法更有远见。——可你至少该走这条道呀，那是个缓坡，你很容易从那儿爬到顶上的。——它根本就不听，如果有什么很陡的、无法攀登的斜坡，那个顽固的家伙就偏偏选中它。

于是，西绪福斯①的工作开始了。它小心翼翼地，一步一步地，艰难万分地往上滚动那巨大的粪球。它一直是倒退着在推动。我在寻思，它是运用何种稳定神功把这么个庞然大物稳定在斜坡上的。啊！稍一协调不好，它便白忙活了：粪球滚落下去，把它也连带着摔下去了。然后，它又开始往上爬，不一会儿又摔了下去。它随即又往上爬，这一次走得挺好，艰难路段总算通过了，

---

① 西绪福斯：希腊神话中的一个暴君，死后受到惩罚，在地狱中把巨石往山上推，快到山顶时，巨石又滑下来，他只好永无休止地推着。

原来是一个禾本植物的根在作怪，让它摔下去好几次。这一次它谨慎地绕开了这个该死的根，再使一把力就到顶了。但要小心再小心啊，坡陡道艰，稍有不慎便前功尽弃。你瞧，脚踩在光滑的卵石上一滑，粪球和圣甲虫又一起连滚带翻地掉下去了。可圣甲虫又开始往上爬，仍旧坚忍不拔，没有什么能使它气馁的。十次、二十次地试着这老也爬不上去的陡坡，最后，它或者是以顽强的意志战胜了千难万险，或者是经过更加缜密的思考，承认自己先前所做的无谓的努力，它选择了平坦的路径，终于如愿以偿，完成了任务。

圣甲虫并非总是单独地运送那珍贵的粪球，它经常要找一位同伴相帮，或者说得更确切一些，是同伴主动跑来帮忙。一般情况下是这么干的：一个圣甲虫制成了粪球之后，便爬出纷乱熙攘的群体，倒退着推动自己的战利品离开工地，最晚赶来的那些圣甲虫有一个在它的身旁，刚开始在制作自己的粪球，便突然放下手中的活计，奔向滚动着的粪球，助那个幸运的拥有者一臂之力，后者似乎很乐意接受这种帮助。

这之后，这两个同伴便联手干起活儿来。它俩争先恐后地努力把粪球往安全的地方运去。在工地上是否果真有过协议，双方默许平分这块蛋糕？在一个揉制粪球时，另一个是否在挖掘富矿脉以提取原料，添加到共同的财富上去呢？我从未看到这种合作，我一直看到的只是每只圣甲虫都独自在开采地点忙乎着自己的活计。因此，后来者是没有任何既定权益的。

那么，是否是异性间的一种合作，是一对圣甲虫在忙着成家立业？有一段时间，我确实这么想过。两只圣甲虫，一前一后，激情满怀地一起推着那沉重的粪球，这让我想起了以前有人手摇风琴唱着的歌子：为了布置家什，咱们怎么办呀？——我们一起推酒桶，你在前来我在后。通过解剖，我便丢掉了这种恩爱夫妻的想象。圣甲虫从外表上看去是分不出雌雄来的。因此我把两只一起运送粪球的圣甲虫拿来解剖，我发现它们往往是同一个性别的。

　　既无家庭共同体，也无劳动共同体。那么这种表面上的合作存在的理由是什么呢？理由很简单，纯粹是想打劫。那个热心的同伴假借着帮一把手，其实是心怀叵测，一有机会便抢走粪球。把粪粒制成球既累人又要有耐心；如果能抢个现成，或者至少强行入席，那可就合算得多了。如果主人没有警惕，帮忙者就可抢了粪球逃之夭夭；如果主人的警惕性很高，那就以自己也出了一份力而要求二人同席。这一手怎么都可获益，因此抢掠就成了收效最好的一种手段。有的就阴险狡猾地这么去干了，正如我刚才所说的那样；它们兴冲冲地去帮一位同伴，其实后者根本用不着它们帮忙，而且它们装着好心好意，实际上心里暗藏杀机。还有一些圣甲虫，也许更加大胆，更加相信自己的实力，干脆直奔主题，强行抢走他人的粪球。

　　这种抢劫行径无处不在。一只圣甲虫独自推动着自己通过努力劳动所获得的合法收益安静地离去了。另外一只，也不知是从哪里冒出来的，飞来抢夺，身子重重地落下，把被烟熏了似的翅膀收在鞘翅下面，然后挥起带锯齿的臂甲的背面扇倒粪球的主人，后者正在忙着推动粪球，根本就无招架之力。当受袭者拼命挣扎，重新站稳脚跟时，攻击者已经立于粪球高处，那是击退对手的最有利的位置。它把臂甲收回胸前，准备迎敌，以防不测。失窃者围着粪球转来转去，寻找有利的出击点；盗窃者则立于城堡顶上不停地转动，始终面对着失窃者。如果失窃者立起身来攀登，盗窃者便朝前者的背部猛地一击。如果进攻者不改变策略来收回失物的话，那防守者因占据城堡高处，必将一次次地挫败对手的进攻。这时，进攻者企图把城堡及其守卫一并推翻。粪球底部受到摇晃，开始缓缓滚动起来，盗窃者也随着滚动，但它想尽办法始终立于粪球顶上。它做到了，但并非始终如此。它在不停地急速跟着转动，使自己保持平衡。万一脚下一滑，优势没了，那就只好与对手短兵相接，双方身体对身体，胸部对胸部，你顶我撞开来。它们的爪子绞在一起，节肢缠绕，角盔相撞，发出金属锉磨的尖厉之声。

然后，把对手掀翻，挣脱开来的那一位便匆忙爬上粪球顶端，抢占有利地形。围困又开始了，忽而抢掠者被包围，忽而被抢者受包围，这全由肉搏时的胜败来决定。抢劫者无疑贼胆包天且敢于冒险，往往总是占据上风。因此，被抢劫者经过两次失败之后，便失去斗志，明智地回到粪堆去重新制作一个粪球。而那个抢劫得手者非常害怕已解除的险情会重新出现，便把抢掠来的粪球赶忙往自己觉得保险的地方推去。有时候，我还看见有第二个抢劫者突然飞临，抢掠前一个窃贼的赃物。说心里话，我对它并不反感。

我徒劳无益地寻思，那个把"财产即赃物"这个大胆的谬语狂言运用到圣甲虫的习俗中的普鲁东是何许人也？那个把"武力胜过权力"的野蛮法则在食粪虫中加以发扬光大的外交家是谁？由于手头缺少资料，我无法追本溯源地探清这些习以为常的抢劫行径，无法搞明白这种为了抢夺粪团而滥用武力的缘由，我所能肯定的只是抢劫骗取是圣甲虫的一种惯用伎俩。这些运送粪球的昆虫相互间你抢我夺，毫无顾忌，我还真没有见过其他昆虫这么厚颜无耻地干过。干脆，我把这种昆虫心理方面的问题留给未来的观察者们去探索吧，我还是回过头来谈谈那两个合伙运送粪球的家伙。

尽管用词不甚贴切，我还是称那两个合作者为"合伙运送者"。它们中一个是强行入伙，而另一个则也许是无可奈何地接受的，生怕会遇到更大的不测。它俩的相逢倒还算和气。合伙者到来之时，物主正一门心思在干自己的活儿；新来者似乎怀着最大的善意，立即投入工作。二人一推一拉，相互配合。物主占着主导位置，担当主角，它从粪球后面往前推，后腿朝上脑袋冲下。那个帮手则在前面，姿势与前者相反，脑袋朝上，带齿的双臂按在粪球上，长长的后腿撑着地。它俩一前一后把粪球夹在当中，粪球就这么滚动着。

　　它俩的配合并非总是很协调的，尤其是因为帮手背对路径，而物主的视线又被粪球遮挡住了。因此，事故频仍，摔个大马趴是常有的事，好在它们也泰然处之，摔倒了立即爬起来，仍旧是各就各位，各司其职。

　　即使是在平地上，这种运输方式也是事倍功半的，因为二人的配合无法天衣无缝，其实只要在粪球后面的一个圣甲虫干，也照样会干得很快，而且干得更利索。那个帮手虽然差点儿弄得无法运送，但在表现出自己的善良意愿之后，决定稍事休息，当然，它不会放弃它已视作自己财产的那个宝贝粪球。摸过的粪球就是自己的粪球。但它也不会掉以轻心贸然从事的，否则对方会把它给晾在那儿。

　　它把腿收回到肚腹下面，身子贴在（可以说是嵌在）粪球上，与之浑然一体。粪球和这个贴在其表面的帮手在合法主人的推动下一起往前滚动着。粪球在它的身下，随着粪球的滚动，它忽而在上，忽而在下，忽而在左，忽而在右，它毫不在乎。它就是要帮忙帮到底，而且是默默无闻的。这种帮手真少见，让别人用车推着自己，还要得一份儿酬劳！这时，前方遇到一个大斜坡，它只好帮一把手了。行到陡坡上时，它当上了排头兵，只见它用自己那带齿的双臂猛拽住笨重的大粪球，而其同伴，那个物主则在下方拼命抵住，一点点地往上顶着。我看见这两个合伙者，就这样一个在上方拽着，一个在下方顶扛着，配合十分默契地往坡上爬着，如果没二人的通力合作，光靠一个人是怎么也无法把粪球推上去的。但是，并非所有的人在这一艰难时刻都会表现出同样的热情的。有一些圣甲虫在攀爬斜坡这种必须通力合作才行的时刻，似乎根本没有看见有困难要克服似的。当倒霉的西绪福斯在拼了小命试图越过障碍时，另一位则高高在上，稳坐钓鱼台，与粪球一起滚下，一起爬上。

我们假定那只圣甲虫很幸运，找到了一个忠实的合伙者，或者更好一些，假定它在途中没有碰上不请自来的同类，那么，一切就绪，可以进行下一步了。地窖已挖好，是一个在松土地上挖的洞，通常是在沙地上挖，洞不深，有拳头般大小，有一条细道与外界相通，细道大小正好够让粪球进入。粮食一入地窖，圣甲虫便躲在家里，用藏于角落里的杂物把地窖入口堵住。大门一关，外面根本看不出这下面有个宴会厅。大功告成，它高兴万分；宴会厅里全都登峰造极！餐桌上摆满了奢华食物；天花板遮挡住当空烈日，只让一丝温馨湿润的热气透进来；心平气静，环境幽暗，外面的蟋蟀合唱声阵阵，这一切都有助于肠胃功能的发挥。我神思恍惚，突然觉得自己俯身于地窖门口，只觉得有海洋女神伽拉忒亚的歌剧中那段著名唱段隐约传来："啊！周围的一切都在忙忙碌碌时，无所事事是多么美妙。"

谁敢去打扰这样一个宴席上的那种怡然自得呀？但是，有了想探个究竟的欲望，是什么都干得出来的，而这种胆量，我就有过。我把我私闯民宅的情况记录在此。我看到光一个粪球几乎就把宴会厅塞满了；这奢华的食物下抵地板上顶天花板。一条狭小的通道把粪球与墙体隔开。食者就在通道上用餐，顶多是两位，经常是独自一人，肚子贴在餐桌上，背顶着墙壁。座位一旦选好，就不再挪动了，然后便放开嘴吃起来，没有一点小的争吵，那样会少吃上一口的；也不挑挑拣拣的，否则就会浪费食物。一切都得按先后次序，一丝不苟地穿肠过肚。看到它们如此虔诚尽心地围着粪球在吃，你会以为它们意识到自己在完成大地净化的工作，它们知道自己投身的是那种以粪肥培育鲜花的精细化学工程，鲜花让人赏心悦目，圣甲虫的鞘翅能点缀春意盎然的草坪。马牛羊尽管消化系统很完美，但它们的排泄物中仍有未消化的残留东西，而圣甲虫则把它们留下的那些残留物质加以利用，为此，圣甲虫就必须具备一套完整的工具。果然，通过解剖我惊叹地发现它的肠道出奇地长，盘来绕去，使得进入的食物可以慢慢地被吸收，直至最后一个可以利用的颗粒被消化掉为止。因此，食草动物未能吸收的东西，食粪虫类的高效蒸馏器却可从中提取一些财富，而这些财富经过稍加处理，就变成了圣甲虫墨黑的铠甲和其他食粪虫类的金黄色和赤红色的胸甲。

　　不过，这种令人赞叹不已的垃圾处理工作得在最短的时间内完成，这是环境卫生所限定的。而圣甲虫就具有这种也许其他昆虫所没有的很强的消化能力。一旦食物进入地窖里，圣甲虫便日夜不停地吃，直到把食物消灭干净为止。当你有了一定的实践经验，把圣甲虫关在笼子里养是很容易的。我就是采用了这种办法获得了这些资料，这对著名的圣甲虫的高效消化功能的了解大有裨益。

　　整个粪球就这么一点一点地依次通过消化道，然后，圣甲虫隐士便爬出地面，寻找机遇再做粪球，一切就又重新开始了。

　　有一天，天气闷热无风，这种氛围很适合我喂养的圣甲虫们大快朵颐。于是，我手里拿着表，守在一个露天进食者的面前仔细观察着，从早上８点一直盯到晚上８点。这只圣甲虫似乎遇上了一块颇对胃口的食物，整整十二个小时，它都没停止过咀嚼，始终待在餐桌前的同一个地点一动不动地吃个没完。晚上８点钟时，我最后看了它一次。只见它的胃口始终未减，像刚开始吃时一样起劲儿。这宴席还持续了一段时间，直到食物被全部消灭干净为止。第二天，那只圣甲虫确实没再在那儿了，头一天大嚼个没完的那块食物只剩下点渣渣末末了。

时针转了一圈还要多，这么长的一幕就是进餐，狼吞虎咽，精彩至极，但是，那消化的一幕则更是妙不可言。圣甲虫前头不停地吃，后头则不断地排泄，那已不再含营养成分的排泄物连成一条黑色细线，如同鞋匠的细蜡绳。它是边吃边排泄，足见其消化之神速。刚一开始咀嚼，它那拔丝机便运转起来，直到最后几口吃完之后，这机器才停止运转。那根细蜡绳从头到尾没有出现断头，始终挂在排泄口上，下面的则已盘成一堆，只要没有干透，则可以轻易展开来成为一条细长绳。

排泄的过程如同秒表一般精确。每隔一分钟，更精确地说是四十五秒，一小节排泄物便出来了，细绳则增长三四毫米。等细蜡绳长到一定程度，我便把它截断，放在刻度尺上量量其长度。我测量的结果，十二小时总长度为两米八八。晚上 8 点，我提着灯最后一次去查看，这之后，圣甲虫又继续吃，所以进餐与制绳工作又持续了一段时间，所以圣甲虫拉成的那根没有断头的细长蜡绳总长约为三米。

知道了绳长及其直径，排泄物的体积很容易便能测算出来。而要测出圣甲虫的精确体积，同样也不难，只要把它放入有水的量筒，查看一下水位线即可。所获得的数据并非没有意义：这些数据告诉我们，圣甲虫一次连续十二个小时的进食竟消化掉几乎与自己的体积相等的食物。多么好的胃呀，而且消化能力这么强，消化速度又这么快！一开始咀嚼，排泄物便立即被消化成细绳状，不停地拉长，直到进餐结束。在这台也许从不失业的蒸馏器里（除非加工的原料出现短缺），原料一进入，立即由胃囊进行加工，吸收殆尽，然后排出。这使我不由得想到，这么一座如此高效地清除垃圾的实验室在环境卫生方面是可以起点作用的。

粪金龟和公共卫生

　　食粪虫以成虫的形态完成一年的轮回，在来年春季的欢乐节日里由自己的子女们围在膝前，而且家里添丁进口，成员翻了一两番，这在昆虫的世界里肯定是无出其右的。蜜蜂这种本能方面的贵族，一旦蜜罐装满也就随即死去；另一位贵族——蝴蝶，虽非本能方面的贵族但却是服饰华美的贵族，当它把自己那成团的卵固定在得天独厚之地时也随即离开人间；浑身披着铠甲的步甲虫在把自己的子孙后代撒放在乱石下之后，随即也就命归黄泉了。

　　其他昆虫也是如此，除了那些群居的昆虫以外。群居昆虫的母亲能够独自或在仆从陪伴下幸存下来。规律是带普遍性的：昆虫天生是无父无母的孤儿。可我们要讲的这种情况却是一种意想不到的反常现象：卑贱的滚粪球工却逃过了那种扼杀高贵者的残酷规律。食粪虫尽享天年，成了长寿元老，而且鉴于其所做的贡献，它也确实当之无愧。

　　有一种公共卫生要求在最短的时间里把任何腐烂的东西全部清除干净。巴黎至今尚未解决它那可怕的垃圾问题，这迟早是这座巨大城市的生死攸关的问题。大家在寻思，这城市之光会不会有这么一天被土壤中饱含的腐烂物质散发出的臭气给熏得熄灭了。聚集着数百万人口的大都市虽拥有无尽的财力与智力但也无法解决的问题，一个小小的村庄却无须花钱无须操心费力就给解决了。

大自然对乡村的清洁卫生倾注关怀，但对城市的舒适虽谈不上充满敌意，却可说是漠然置之。大自然为乡间田野创造了两类清洁工，没有什么能使之厌烦倦怠、疲劳懒散。第一类是苍蝇、葬尸虫、皮蠹、食尸虫类、阎虫科，它们专司尸体解剖。它们把尸体分割切碎，在自己的胃里把碎尸烂肉消化之后再还以生命。

一只鼹鼠被耕作的农具划破肚皮，它的业已发紫的脏腑把田间小径弄污；一条栖息在草地上的游蛇被行人踩死，这个蠢货还以为自己是除了祸害，干了好事；一只尚未长毛的雏鸟从窝里摔下，落在托着其窝的大树下面，可怜巴巴地摔成了肉酱。成千上万的这种残尸碎肉无处不在，如果不及时地加以清理，其臭气将成为很大的公害。但我们也不必害怕：这种尸体一旦在某处出现，小收尸工们便立即赶到。它们随即对尸体进行处理，掏空内脏，吃得只剩下骨头，或者至少要把尸体弄得如同一具干尸。用不了二十四小时，死去的鼹鼠、游蛇、雏鸟等便没了踪影，环境卫生保持住了。

第二类清洁工也同样是热情饱满的。城市里为了清洁卫生而在厕所里用氨水消毒，其味极其难闻，农村里的厕所就用不着洒氨水。农民在需要独自一人待着时，一堵矮墙、一道藩篱、一丛荆棘即可避人耳目。无须赘言，你一定会知道此人在那里干什么。当你被一簇簇长生草、厚厚的苔藓以及其他一些美丽的东西装点的陈砖旧瓦所吸引，走近一堵好似为葡萄培土的矮墙边时，哎呀！在这如此美丽的隐蔽处跟前，那是一大摊什么玩意儿呀！你赶紧逃之夭夭，苔藓、长生草、青苔等都不再吸引你了。你第二天再去原地看一看，那摊东西不见了，那块地方变得干净了：食粪虫来过这里。

防止屡屡出现的有碍观瞻的东西被人看到，对于这些勇士们来说，只是它们职责中最微不足道的了；它们肩负的是一项更崇高的使命。科学向我们证实，人类最可怕的种种灾祸都能在微生物中找到根源；微生物与霉菌相近，属于植物界中极边缘的生物。在流行病暴发期间，这些可怕的病原菌在动物的排泄物中迅速大量地繁殖。它们污染着空气和水这两种生命的第一要素；它们散布在我们的衣物、食物上，把疾病传播开来。凡是被这些病原菌污染了的东西统统都要用火烧掉，用消毒剂杀菌，用土深埋掉。

为保险起见，绝不要让垃圾积存在地面上。垃圾是否无害？垃圾是否危险？虽然说不准，但最好还是把垃圾消除掉。早在微生物让我们明白这种警惕是多么必要之前，古代的贤哲似乎就已经明白了这一点。东方民族比我们更容易受到传染病的危害，他们早已在这一方面掌握了一些明确的规律。摩西① 好像是古埃及这方面科学的传播者，当自己的人民在阿拉伯沙漠中流浪的时候，他已经在法典中制定了处理的方法。他说道："你为了解决自己的内急，你就走出营地，带上一根尖头棍子，在沙地上挖个坑，然后再用挖出的沙土把你的污秽物掩埋起来。"②

这种处理方法简单之中透着重大意义。可以相信，如果在大规模朝觐克尔白神庙③ 期间，伊斯兰教采取这种措施以及其他一些类似措施的话，麦加就不会每年都成为霍乱的发源地，欧洲也就不用在红海两岸设防以防堵瘟疫的蔓延。

普罗旺斯农民也像自己祖先中的一支阿拉伯人一样不注意

① 摩西：据《圣经》的《出埃及记》记载，摩西为公元前13世纪古代以色列人的领袖，率领在埃及的希伯来人返回故土。

② 参阅《摩西五经·经五》第123章第12和第13节——原作者注。

③ 克尔白神庙：麦加城内大群陵庙中心的建筑。

卫生，根本不考虑这方面的险情。幸好，摩西训诫的忠实执行者——食粪虫在为此而辛勤劳作。消灭、掩埋带菌物质的全都是它。以色列人一有内急要解决，便腰里别着一根尖头棍跑出营地，而食粪虫也随即赶到，还带着比以色列人的尖头棍更高级的挖掘工具。解手的人一走，它便立即挖出一个井坑，把污秽物深埋掉，不再产生危害。

这帮掩埋工所搞的服务工作对于野外的环境卫生意义十分重大；而我们，这种净化工作的主要受益者，反而对这些小勇士有点鄙夷不屑，还用粗言恶语对待它们。做好事，不为人理解，反遭恶名，被石头砸死，被人用脚踩死。看来这已成了一定之规了。蟾蜍、刺猬、猫头鹰、蝙蝠以及其他一些为我们服务的动物就是明证，它们不企求我们什么，只是希望我们多少有点宽容心。

那些垃圾污物肆无忌惮地暴露在太阳地里，而保护我们免受其害的，在我们这一带，最英勇卓绝的卫士就是粪金龟。这并不是因为它们比其他的埋粪工更加勤快，而是因为它们有一副好的身子骨，能干苦活儿累活儿。再者，当需要稍稍恢复一下体力时，它们则喜欢对我们最恶心的污秽物下手。

我们附近有四种粪金龟在从事这项工作。有两种（突变粪金龟和野生粪金龟）比较罕见，我们也就不专门去观察、研究它们了；相反，另外两种（粪生粪金龟和伪善粪金龟）却十分常见。后两种粪金龟背部墨黑，胸前都穿着华美的衣服。看到专事淘粪的工人竟穿得如此漂亮，我不禁惊讶无语。粪生粪金龟面部下方像紫水晶般闪亮，而伪善粪金龟的面部下方则闪烁着黄铜的光芒。我笼子里喂养着的就是这两种粪金龟。

我们先来看看它们作为掩埋工都有哪些能耐。笼中一共有十二只粪金龟，是两种混在一起。笼子里原先大量放置食物，这一次我事先把所剩的吃食全部清除掉了。我想估算一下一只粪金龟一次能掩埋多少东西。日落时分，我把刚在我家门前拉了一摊的骡子的粪便放进笼子里去给那十二个囚徒。那摊粪便不算少，足可装上一篮子。

第二天早晨，那摊骡粪全都埋于地下了。地上几乎一点也没有了，顶多有点碎渣渣什么的。我因此可以大致估算出：按每只粪金龟都干了同样的工作量，那它们每人掩埋了大约有一立方分米的粪便。想到它们那瘦小的身材，又要挖洞又要运物，那真叫人感叹：这可真像泰坦^①干的活儿呀。而且，这还仅仅用了一个夜晚而已。

它们存粮这么丰富，是不是就守着财富待在地下不出来了？绝不是这样的！现在正是大好时光。黄昏来临，宁静温馨。现在正是精神振奋、心情舒畅的时刻，正是去远处大路上寻物觅宝之时，因为路上正有牛羊群放牧归去。我的住客们离开了地窖，返身回到地上。我听见它们簌簌地在爬栅栏，冒失地撞到壁板上，黄昏时的这番热闹气氛我预料到了。我白天已经收集了与头一天一样丰盛的食物，正好拿来喂给它们。到了夜里，这些食物又都不见了踪影。第二天，地面上又干干净净的了。只要夜色美好，只要我总有足够的东西满足这帮贪得无厌的敛财奴，那么这种情况就永远会继续下去。

尽管其食物异常丰富，粪金龟在日落时分还是会离开已储存的食物，在太阳的余晖中嬉戏，并去寻找新的开发工地。对于它来说，好像已得到的并不算什么，只有将要得到的才有价值。那么，每晚黄昏那美好时刻它所更新的粮食仓库，到底用来干什么呢？很明显，粪金龟一夜之间是无法消费完这么丰盛的食物的。

---

① 泰坦：希腊神话中的巨神族，乌拉诺斯和地神盖亚所生的子女，共十二人，六男六女。

它储存的食物多得已不知如何处理；它只知积攒，却不完全利用；而且，它还总也不满足于自己那装满粮食的仓库，每晚还在拼死拼活地忙着往仓库里运送。

它随处建造粮仓，每天随便遇上哪座仓库便在那里吃上一顿，吃不了的就几乎全部剩在那儿。从我笼子里喂养的粪金龟来看，它们那种掩埋工的本能要比作为消费者的食欲来得迫切。笼子里的地面在增高，我则不得不随时把它弄平。如果我把土堆挖开，我就会发现坑井中堆满了粪便，厚厚的，原封未动。原先的泥土已经变成了粪和土的结块，难以分开，如果我要继续观察而不致搞错，就得大加清理才行。

要想把结块中的粪便分离出来，总免不了有误差，不是分出来的多了，就是分出来的少了，与精确的量难以一致，但在我的观察中，有一点是明白无误的：粪金龟是热情似火的掩埋工，它们往地下运送的食物远远超过它们日常之所需。这样的一种掩埋工作是由一大群出力多少不一的合作者的劳动大军完成的，所以很显然，土壤的净化在很大的程度上得以实现，而且有这么一支辅助性的劳动大军在做出贡献，公共卫生的保持也才能有望，这是值得庆幸的。

此外，植物以及因植物的连锁反应而连带的一大批生物也得益于这种掩埋工作。粪金龟埋到地下并于第二天抛弃的那些东西并未丢失，远未丧失其利用价值。世界的结算中什么也不会丢失的，清单的总数是永恒的。粪金龟埋起来的小块软粪便将会使周围的一簇禾本植物枝繁叶茂。一只绵羊路过这儿，把这丛青草吃掉。羊长肥，人也就有了美味羊腿可以享受了。粪金龟的辛勤劳动给我们带来了一块美味肉块。

九十月份，当头几场秋雨浸透土壤，圣甲虫得以打破出生的牢笼时，粪生粪金龟和伪善粪金龟开始建造自家住宅，这住宅建造得很简陋，有辱这些享有挖土工美称的勇士们。如果单纯是挖掘一个避难所以防冬季的严寒的话，粪金龟倒也不负其挖土工之美名：在井的深度、工程之完美和速度方面，没有谁可与之相提并论。在沙土地和不难挖掘的土地上，我曾发现一些坑洞，洞深竟达一米。还有的能挖得更深，我因为没有耐心，再说工具也不凑手，也就没有去挖挖看究竟深有几许。这就是粪金龟，熟练的挖井工，无人可及的打洞者。如果天寒地冻，它会下到不用担心霜冻的地层。

但是，建造子孙住宅就是另一码事了。美好季节转瞬即逝；如果要给每只卵配备一个这样的地堡，那时间是来不及的。要挖掘一个深洞，粪金龟就必须把冬天来临之前的空闲时间全部用上，别无他法。要使避难所更加安全，它就得把心思全用在造房建屋上，暂时不能去干别的事情。可在产卵期间，这么辛勤的劳作是不可能的。时间过得很快。它得在四五个星期内给很多的子女准备住的吃的，这就无法长时间地去挖深井了。

粪金龟为其幼虫挖的地洞并不比西班牙蜣螂和圣甲虫挖的深多少，尽管季节有所不同。就我在野地里所发现的所有地洞来看，也就是三分米左右，尽管那儿土很好挖，挖多深都没问题。

这种简陋的住处状如一段香肠或猪血腊肠，长度不超过两分米。这段香肠几乎都是不规则的，有时弯曲，有时又多少有些凹凸不平。这种不完美的情况是石头地的高低起伏所导致的，粪金龟是直线和垂直的挖掘工，但无法总是按照自己的艺术标准去挖掘。于是，与地道紧贴在一起的粮食也就很忠实地再现了其模具的不规则性。香肠底部是圆的，如同地洞底部一样。这圆圆的底部就是孵化室，这圆形的孵化室可以放下一颗小榛子。因胚胎的需要，室的侧壁挺薄，空气能很容易地透进。在孵化室内，我看到有一种泛绿的黏液在闪亮，那是疏松多孔的粪核的半流质状物质，是粪金龟妈妈吐出来喂给新生幼儿的头一口食物。

卵就睡在这个圆圆的小窝里，与四周无任何接触。卵是白色的，呈加长的椭圆形，与成虫的体积相比较，卵的体积够大的了。粪生粪金龟的卵长有七八毫米，宽有四毫米多，比粪金龟卵的体积要稍小一点。

麻蝇

这里所见之昆虫服饰上虽有不同，但生活习性并非不一样，都是在同尸体交往，都同样具有迅速使肉体液化的功能。麻蝇是一种黑灰色的双翅目昆虫，个头儿比绿蝇要大，背部有褐色条纹，腹部有银光点。它的眼睛血红血红的，目露凶光，虎视眈眈地要去肢解尸体。它是一种食肉蝇，专业术语称之为"麻蝇"，俗称"肉灰蝇"。

无论这两种称谓如何正确，我们可千万不要望文生义，误以为麻蝇会经常光顾我们的住处，特别是在秋季，会大胆地在没放好的肉上下蛆。不是这样的。干这种可恶勾当的罪魁祸首是肉蓝蝇。肉蓝蝇体态比较肥胖，呈深蓝色。它们飞到玻璃窗上嗡嗡地鸣响，狡诈地把食品柜给团团围住，寻找机会，趁人不备，对食品柜里的肉食下毒手。

麻蝇往往会与绿蝇携手，合伙干坏事。绿蝇从不闯入我们的住所来冒险，而是在大太阳底下工作。麻蝇则不像绿蝇那么胆小如鼠，如果在外面找不到食物充饥的话，它也会冒冒险，闯入民宅，干点坏事。不过，它干完坏事便立即逃之夭夭，因为它感到在民宅里很不自在。我在露天实验场的一个分支机构——我的这间实验室，已经变得有点像是储肉间了。麻蝇有时会飞到这儿来。如果我在窗台上放一块肉的话，它便会飞落在上面，享用一番，然后便心满意足地飞离。架子上放置的大口瓶、茶杯、玻璃杯等，也是它光顾的对象。

因研究的需要，我收集了一堆在地下蜂巢里窒息而死的胡蜂幼虫。麻蝇悄无声息地飞来，发现了那一大堆死了的胡蜂幼虫，非常高兴。这种美食也许是其家人从未有幸品尝过的，于是，它便把自己的一部分家庭成员安置在这堆死胡蜂幼虫上面。我把一个煮熟了的鸡蛋掰下几块蛋白来喂绿蝇的幼虫，剩下的大部分则放在一个玻璃杯的底部，麻蝇占据了这剩下的鸡蛋，在上面进行繁殖。其实，它并不在意这是一种新东西，只要是蛋白质一类的食物，它都觉得可口，所有一切，即使是死蚕，甚至芸豆和鹰嘴豆的豆泥，它都觉得很对自己的胃口。

不过，它感到最对自己胃口的还是死尸。从毛皮动物到禽鸟，从爬行动物到鱼类，凡是死尸它都喜欢吃。麻蝇有绿蝇陪伴，对我的那些沙罐情有独钟，来得十分勤快，每天都飞来探望那条死蛇，用吸管吸上一点尝一尝，看看是否熟透可食了。它来了又飞走了，飞走了又回来了，来来回回好几趟，不紧不慢，不慌不忙，最后才开始干起活儿来。不过，访客太多，熙熙攘攘，观察起它们的行为举止来十分不便，所以，我就在我工作台前的窗台上放上一块肉，既不碍手碍脚，又便于观察。食尸麻蝇和红尾粪麻蝇是常来光顾这块腐肉的两种双翅目昆虫。红尾粪麻蝇腹部末端有一粒红点；而食尸麻蝇则要比红尾粪麻蝇略为强壮，在数量上也占有优势，在沙罐里的工作，大部分都是它在承担的，而且，它几乎总是独自飞到窗台上的那个诱饵上来。

它会突然地飞来，一开始还小心翼翼地，有点害怕，但不一会儿胆子便大了起来，我即使走过去，它也并不飞走，看来它是迷上了这块肉了。它工作起来速度飞快，将腹部末端对着那块肉蹭这么两下，便大功告成了。一群蠕动着的蛆虫产了下来，迅速地四下里散开去，我都来不及拿起放大镜来精确地统计一下它们到底有多少。我眼睛这么看了一下，大概有十二三只，但倏忽间，它们都爬到哪儿去了？

它们似乎刚一着地便钻进了那块肉里去了，转眼工夫就不见了踪影。可是，它们还都是一些新生婴儿，那块肉还是有着一定的阻力的，它们不可能这么快就钻进去了的呀。那它们到底是跑哪儿去了呢？我突然发现，那块肉的褶皱间有一些麻蝇幼虫，它们在单独行动，已经在用嘴拱起来了。我不能把它们一个一个地夹起来数一数，那会伤及它们的。我只能用眼睛这么查看一下，大约有十二三只，是我几乎还没来得及看到，就一下子产下来的。

麻蝇产下的是一些活的幼虫，而不是通常所见的卵。它们的这些幼虫，我们人早已熟悉了。我们早已知晓，麻蝇从不生蛋，而是生孩子，因为它们要干的活儿实在是太快，任务又非常紧急，孵卵的任务太费时间！对于专门加工死尸的它们来说，一天就是一天，必须妥善地加以利用，分秒必争，不可浪费。而绿蝇是产卵的，它们的卵最快也得二十四小时才能孵出幼虫。麻蝇则节省了这个时间，从自己的子宫里迅速地输出一批劳动力，这些初生幼虫一落地，便开始繁忙的劳作。这支劳动小分队人员并不算多，这是无可争辩的事实，不过，它们的数量还是可以增加不知多少倍的。学者雷沃米尔对麻蝇所拥有的那台奇妙的生育机器曾经做过如下的描述：那是一条螺旋形的带子，涡纹似天鹅绒一般柔软，其间藏有密密麻麻的幼虫。每一只幼虫都有一层膜包裹着，它们一个挨着一个地紧紧地挤靠着，如同一张羊毛皮。这位很有耐心的学者对这个军团成员的数量做过统计，据说高达两万！他是做过解剖的，这个数字又不能不信，但是听了真的是让人瞠目结舌。

可是，麻蝇怎么会有时间安置这么一大家子呢？而且，它得分期分批地一包一包地安置，如同它刚才在我窗台的那块肉上所做的那样。在排空子宫之前，它可是得找许多的死狗、死猫、死鼠、死蛇啊！它能找到那么多吗？野外是会有不少死去的动物尸体，但也不会有那么多呀。不过，它倒也并不在乎是什么样的动物尸体，什么样的动物尸体都可以，而且它也会去找那些不太起眼的尸体。如果猎获物很丰富，它明天，后天，甚至随后的几天，都会飞来的。在它繁殖的季节里，它会不断地将一包一包的幼虫安置在各个地方，直至把自己腹中的胎儿全部安排妥当。可是，今后，这些幼虫也将做产妇，那个繁殖速度可真是吓人啊！麻蝇一年之中会繁殖几代的。它像是被催逼着不停地生，生，生！应该对它叫停才是。

我们现在先来了解一下这种麻蝇的幼虫的情况。幼虫十分健壮，体型较大，特别是其尾部的情况，很容易与绿蝇幼虫区别开来。它的尾部是平切的，有一个切得很深的槽，槽的底部有两个用来呼吸的孔，两个带琥珀色唇的气门。气门边缘有十多条呈放射状的月牙饰纹，肉乎乎的，棱角分明，像一顶冠冕，幼虫可以随意地通过收缩和松弛肉质月牙饰纹使冠冕关闭或启开，这样一来，当气门没于糊状物中的时候，就能有所保护，不致被堵塞住。当幼虫被液体淹没时，这顶带月牙边的帽子就会闭合起来，如同一朵花把花瓣收拢起来一样，液体就无法渗入气门了。

随着幼虫露出液体表面，尾部也就重新露了出来。当它刚好与液体表面持平时，冠冕就重新启开，看似一朵小花，花冠上带着白色的月牙边，中间有两根鲜红鲜红的雄蕊。当幼虫熙熙攘攘地一个一个紧紧地挤靠着把头埋进臭气熏天的汤液中时，看上去就像一片白洲。当你一心一意地观察着这些冠冕，看着它们不停地在一开一合，还发出极其微弱的扑扑声，你会不知不觉地忘记了那臭味，看着它们就像是看着一片娇美的海葵。麻蝇的幼虫自有其丰韵。

　　毫无疑问，如果事物都有其一定之规的话，那么，一只为防止溺毙而采取了严密的防范措施的幼虫，想必是应该经常地出没于沼泽地的。它的尾部戴上帽子并非为了美观，为了张开时好看。它身上的这个带有放射状条纹的机件是在对我们说，它从事的工作具有相当大的危险性，在死尸堆里干活儿，有送命的危险。这个道理很简单，我们前面已经说过了，绿蝇幼虫靠熟蛋白生存，而熟蛋白又极对它的胃口，但熟蛋白在胃蛋白酶的作用下，会变成糊状，变得很稀，幼虫很容易被溺毙。它的尾部与稀汤般的食物持平的那个气门，没有任何防护，如果在液体中失去了依托，则必死无疑。尽管麻蝇幼虫是液化装置中的无出其右者，但它们却未曾经历过上述危险，即使是生活在尸液的沼泽中。它们身上那鼓出来的尾部，起着浮子的作用，能使气门保持在液面之上。如果需要潜入更深的地方去觅食，尾部的"海葵"就会闭合起来，保持气门不受堵塞。麻蝇幼虫具有潜水装备，因为它们是无与伦比的液化装置，随时都得为潜入水下做好准备。

　　在干燥的地方，我便把它们放在一块纸板上，以便于观察。我刚一把它们放到纸板上，它们立刻便活跃起来，蠕动着，到处乱爬，粉红色的气门打开来，口器抬起落下，起着支撑作用。纸板就放在离窗户三步远的工作台上。这时候，柔和的自然光照进屋里，所有的幼虫全都动起来，背向窗户，爬动着，而且爬得挺快，像是急匆匆地忙着逃命似的。

　　我把纸板转了个一百八十度，但未碰幼虫。这么一来，幼虫们又面朝着窗户了。只见它们立刻停止爬动，迟疑片刻，转了个弯儿，又向背光的方向爬去。没等它们爬出纸板，我又把纸板转了个一百八十度，它们又一次掉转身子，往回爬去。我反复地转动纸板，每次都看见它们转过身子，背朝窗户爬去。它们这么执着，我转动纸板，迷惑它们的计谋总不能得逞。纸板的长度只有三拃，活动的空间不大。于是，我便考虑给它们一个更大的空间，看看结果如何。我把它们放在屋里的地板砖上，用小镊子夹住，让它们头冲窗户。可是，只要我把镊子松开，还它们以自由，它们便立刻转过头来，躲开阳光，快速地向背光处爬去。它们爬过屋里的地板砖，再爬六步远就碰到墙壁了。这时候，有的向左爬去，有的向右转去，总觉得离那讨厌可恶的光线充足的窗户太近。

毫无疑问，它们害怕光亮，在逃避光亮。我用一块布帘把窗户遮严，挡住了光线，然后，把幼虫放在纸板上，再把它们的头冲着窗户，它们照样向窗户爬去，并未改变方向。等我突然把布帘揭开，它们立刻就会掉转身子，背向窗户逃走。

对于一个生来就生活在阴暗的地方，生活在死尸身下的蛆虫来说，躲避光亮是很自然的事。奇怪的只是对光的感知这件事本身，因为蛆虫是瞎子，在它那尖尖的所谓头部的身体前部，没有任何感光器官的痕迹，身体上其他部位也未见感光器官的痕迹，浑身上下的皮肤完全一致，光滑苍白。

这个瞎眼幼虫，没有任何视觉器官的专门神经网络，却对光线极其敏感。它全身的皮肤像是一层视网膜，当然，这视网膜是看不见东西的，但它却能辨别明暗。蛆虫在灼热的阳光直射之下，会表现得极度不安，这就说明它能感知冷热明暗。比如我们人类，我们的皮肤比蛆虫的皮肤粗糙得多了，但我们不用眼睛，仍然可以分辨得出日晒与阴凉。

但是，我的那些实验对象，仅仅是接受了从我的工作室窗口射进来的阳光。对这柔和的阳光，它们都感到极度不安，十分惶恐，慌不择路地逃跑，唯恐避之不及。从这一点来看，这个问题似乎比较复杂了。

这些逃亡者究竟感觉到了什么呢？它们是不是被化学辐射刺痛了？是不是受到了其他的什么已知或未知的射线的刺激？或许阳光中还隐藏着许多我们尚不得而知的秘密。如果用光学仪器对幼虫进行观察，也许能获知一些宝贵资料。如果我手头有进行观察研究的这种设备的话，我会很高兴地对这个问题做进一步的探究。但是，我现在并不拥有这种设备，以前当然也未曾拥有过，将来肯定也不会有的，我不相信自己会有这种财力。话虽如此，但我还是想在我那微薄的收入所允许的条件下，做进一步的研究。

麻蝇幼虫身体发育完全之后，便要钻进泥土里去，在地下变成蛹。它之所以钻入地下，无疑是想在变形时能避开地面上的喧闹，求得安静。此外，它还有一个目的，在地下可以不受光线的干扰。蛆虫在蜷缩进"小桶"里去时，尽可能地离群索居，避开喧嚣。

一般情况之下，即使土质松软，幼虫钻入地下的深度也很少超过一掌宽的，因为它要考虑到自己变成成虫之后，翅膀十分纤弱，破土而出较为困难。在不深不浅的地方，幼虫可以适当地将自己封闭起来。在它周围的起阻挡光线作用的泥土厚度并不均匀，最厚的地方大约有十厘米。有这层屏障遮挡，隐居者像是生活在世外桃源，逍遥自在，悠然自得，生活安宁。如果我们故意把它的这个保护屏的厚度弄薄，那会出现什么情况呢？我便取了一根两头开口的玻璃管，长约一米，直径二点五厘米。这根玻璃管是我给我的孩子们做化学小实验时用的，我曾经让氢气燃烧的火焰在管子里歌唱。我用软木塞把这根长玻璃管的一头塞住，然后往管子里灌入用筛子筛过的很细的干沙子，再把二十条用肉块喂养的麻蝇幼虫放入管子里的沙土地上。我把管子竖着吊在我的工作室的一个角落里。随后，我又用同样的方法在一个一拃宽的大口瓶里，也装上很细的干沙子和麻蝇幼虫。等到这两个容器里的幼虫长得很强壮时，你只要不加干涉，它们就会钻入沙土地里适合它们的深度中去。最后，幼虫在沙土地里面变成了蛹。这时候，我就该去检查这两个容器了。大口瓶里的情况与我在野地里所观察到的情况相同，幼虫隐藏在大约十厘米的深度，那是它们安静的居所，上方有它们穿过的土层在保护着它们，大口瓶里装满的细沙正好在它们的周围形成了一道厚厚的保护层。

但是，长玻璃管里的情况就不同了。躲藏得最浅的也有半米深，其他的幼虫则藏得更深，有许多甚至都钻到了管子底部，碰到了软木塞这个无法穿越的障碍。很显然，如果管子再长一些，这些钻到管子底部的幼虫肯定还会往下钻的。没有一只幼虫居住在它们通常所处的深度，全都钻到了这根沙柱的下端，直到力气使完，钻不动为止。由于感到惊恐，它们才向极深极深的地方逃去。

它们在逃避什么呢？当然是光线。它们所穿越的土层在自己上方形成的保护层已经超过了它们所必需的厚度，但是，它们对四周的环境仍然感觉不够踏实。因为，顺着中心轴往下面钻去，四周只有十二毫米的保护层，这么薄的一层沙土层当然让它们心里有所不安了，因此，它们只得继续向下方钻去，希望在更深处能够找到一个更加安全的隐蔽所，直到力气使完，遇到了障碍，才不得不停止前进。在这柔和的光线里，到底是哪些辐射能对生性喜欢黑暗的幼虫产生影响呢？这肯定不光是个光辐射的问题，因为一块用塞实的泥土做成的一厘米多厚的屏障是完全不透光的，应该还有其他已知或未知的辐射，这种辐射能够穿透普通辐射所无法穿透的屏障，使幼虫感到烦躁不安，感到与外界相距太近，所以它才会继续地往玻璃管子下面钻去，寻找一个更加安全的庇护所。我因手头没什么仪器设备，只能根据自己的观察做出这些推测。

麻蝇的幼虫钻到泥土一米深处，如果器皿还要深的话，它会继续不停地往下钻。这是因为我所采用的玻璃管之细长所致，如果不是这种试管，让幼虫凭自己的智慧去寻觅隐蔽所，那它是绝不会钻得那么深的，往下钻一掌宽的深度就足够了，甚至一掌宽的深度都嫌过深。幼虫在变形之后，还得回到地面上来，这可是要它们付出巨大劳动的。因为它们在往外钻的时候，边挖边有塌方的情况出现，刚挖了一点，马上就会又给填上了，所以，它们要做不少的无用功。有时候，它们还得在没有撬棍、没有镐头的情况之下，在相当于凝灰岩的洞穴里，也就是说，在被雨水浇过之后凝结成硬块的土里，替自己挖出一个通往地面的竖井来。往地下钻的时候，幼虫依靠的是爪钩，而准备钻出地面时，它已成为双翅目昆虫，没有了任何的挖掘工具。而且，它刚出壳时，身上软塌塌的，十分地柔弱。它是怎么钻出地面的呢？我们来观察一下装满沙土的那根玻璃管的底部的蛹就明白了。从麻蝇破土而出的方法，我们就能得知绿蝇和其他蝇类是如何出洞的了，因为它们所采用的方法完全相同。

在蛹壳里时，即将诞生的双翅目昆虫首先得凭借自己那生在双眼之间的鼓包，使头部的体积扩大两三倍，把包裹在它外面的那层壳挤裂。头部的这个鼓包会搏动，随着充血和消退不断交替，鼓包便一起一伏，一鼓一瘪，如同水压机的活塞在吸压泵筒的前部一样。

头部钻出蛹壳以后，这个畸形的脑积水患者即使一动不动，它额头上的这个囊袋也依然在运作着。细致的工作在蛹壳中已经完成了，它的紧身衣已经脱去。在这个过程中，这个囊袋一直在工作着。它的这个脑袋根本就不像是一只苍蝇的脑袋，而是如同一顶大得出奇的怪模怪样的帽子，底部鼓胀起来，形成两顶无边红圆帽，那就是它的眼睛。头部顶端从中央裂开，冒出一个鼓包来，把两个半球分别挤往头部左右两侧。依靠鼓包的压力，幼虫变成了苍蝇，打通了小酒桶似的蛹壳底部。这种方法确实是非常新颖独特的。那么，小酒桶被打穿了之后，为什么那囊袋，也就是气囊，还长时间地鼓胀着呢？我从观察中发现，那是个杂物袋，昆虫暂时地把血液储存在其中，以减小身体的体积，而且也便于把"紧身衣"脱去，然后，摆脱那个细得如细颈瓶似的蛹壳。苍蝇在其整个羽化的过程中，尽可能地把大量的液体挤压出来，注入外面的那个气囊之中，随着外面的鼓包膨胀起来，直至变形，这样，苍蝇的身体就变小了。这个出壳过程十分艰苦，时间拖得很长，需要两个小时或更长一点的时间。

这个脑积水患者在不停地让自己头部的那个鼓包鼓起来瘪下去。被这个鼓包顶起来的沙土顺着它的身体往下流去。这时候，它的腿只是在起辅助作用。当"活塞"推动时，它便把腿向后绷紧，一动不动地支撑着；当沙土从它身体周边往下流去时，它便用自己的腿把沙土压实，并快速地把这些沙土往下推去，然后，腿又绷得紧紧的，一动不动，作为支撑，等待下一次的沙土流下来。头部每向上前进多少，就会有多少沙土流下来填补身后的空地。前额每鼓胀一次，苍蝇就前进一点。在沙土干燥易于流动的情况之下，进展比较顺利，只需十五分钟的工夫，苍蝇就能向上推进十点五厘米。

浑身尘土的苍蝇，一旦到达地面，立即着手梳妆打扮。它最后一次鼓起前额，用前足的跗节仔仔细细地把鼓包轻轻刷干净，在收起这个鼓包，把它变成一个不再裂开的额头之前，必须把它彻底地掸干净，否则会有沙粒落入脑袋里去，危及生命安全。另外，它还把翅膀刷了一遍又一遍；翅膀上面的那个小提琴月牙缺口已经消失，翅膀变长了，伸开了。这样打扮了一番之后，苍蝇便静止不动地待在沙土表面，它已经完全成熟了。我让它自由地飞走，飞到沙罐里的那条死蛇身上，与它的同伴们聚在一起，共同工作。

红蚂蚁

如果把鸽子运到几百里远的地方，它会自己返回自己的鸽舍；燕子从它在非洲的居住地飞越大海，重新回到自己的旧巢里去。在这么漫长的旅途中，它们依靠什么来寻找方向呢？是依靠视觉吗？《动物的智慧》一书的作者、睿智的观察家图塞内尔 [①]，对自然状态下动物的了解可谓独到，他认为是视觉和气象在指引信鸽寻找方向。他在书中写道："法国的这种鸟凭借自己的经验获知，严寒源自北方，炎热来自南方，干燥生于东方，潮湿出自西方。它具有足够的气象知识，可以为自己辨别方位，指导飞行。放在用盖子盖住的篮子里的鸽子，从布鲁塞尔运到法国南部的图鲁兹，它们是绝对不可能用自己的眼睛把自己所经过的地方记录下来的，但是，没有人能够阻止它们根据对大气热度的印象，感觉到自己是正向南方走去。等到到达图鲁兹之后，它便知道自己的鸽舍是在北方，应往北边温度较低的地方飞去。于是，它们便一直朝这个方向飞，直到飞抵的空域的平均温度是它所居住的区域的温度

---

① 图塞内尔（1803—1885）：法国政治家。

时，才会停止飞翔。如果它未能立刻找到自己的家门，那就说明它不是飞得偏左了，就是飞得偏右了。这时候，它只需往东边或往西边寻找一番，花上几个小时，就可以把自己的飞行路线上的偏差给纠正过来了。"

如果位置的移动是北—南方向，那么这个解释就非常诱人，但这个解释却不适用于在等温线上的东—西方向的移动。另外，这种解释存在着一大缺点：它无法推而广之。猫穿过第一次来到的城市的大街小巷组成的迷宫，从城市的一端跑到另一端，回到自己的家中，这就不能归之于视觉的作用，也不能说是气候变化的影响。同样，我的石蜂也不是凭着视觉的指引，特别是当它们在密林中被我放出来时，它们飞得不太高，离地面只有两三米，没有可能看清这个地方的全貌，以便在脑海中绘出图来。它们被放飞之后，只是稍加犹豫，在我身边绕了几圈，便朝北边飞去。尽管密林深处树木繁茂，枝叶交错，尽管丘陵高高，连绵不断，它们顺着离地面不高的斜坡往上飞，越过一切障碍。视觉指示它们避开了种种障碍，但却并未告诉它们应往哪个方向飞。至于气候，也起不了作用，因为在几公里这么短的距离之内，气候是没有什么变化的。即使它们的方位感很强，可它们的巢穴所在的地方与放飞地点的气候完全一样，冷热干湿的变化不大，所以它们对往何处飞去并无把握。我在想，一定是有着一种什么神秘的东西在指引着它们，它们肯定是具有我们人类所不具有的特别的感觉。达尔文的权威无人藐视，他也持有这一观点。想了解动物是不是能感应大地电流，想了解动物是不是受到紧贴于身的一根磁针的影响，这不就是在承认动物具有一种对磁性的感觉吗？我们人类有这样的感官官能吗？当然，我说的是物理学的磁力，而不是梅斯梅尔① 或卡廖斯特罗② 所说的磁力。

这种未知的感官官能是否存在于膜翅目昆虫身上的某个部位，以某个特殊的器官来感知的呢？我们立刻便会想到它的触角。当我们对昆虫的习性不甚了解时，总是把它的怪异行为归之于它的触角，认为它的触角上一定有什么我们所不了解的特殊的东西存在。可是，我完全有理由对触角具有指示方向的能力表示怀疑。当毛刺砂泥蜂在寻觅昆虫时，它的确是用自己的触角在不断地拍打着地面，如同用手指轻弹地面一样。但这种仿佛在引导昆虫捕猎的探测丝大概并不可能被用来指引昆虫的飞行方向。

为了搞清这个问题，我做了一些实验。我把几只高墙石蜂的触角，尽量地齐根剪去，然后，把它们弄到别处去放飞，可它们像其他石蜂一样，很容易地就回到自己的巢里了。我还以同样的方法对我们这一地区最大的节腹泥蜂（栎棘节腹泥蜂）进行了实验。这种捕食象虫的泥蜂也同样很容易地回到了自己的居所。因此，我便把触角具有指示方向官能这种假设给抛弃了。那么，昆虫的这种感觉官能究竟存在于什么地方呢？这我并不知道。

我所知道的，而且是通过实验清楚地知道的，就是没有了触角的石蜂，回到自己的蜂房之后并不恢复工作。它们只是一味地在自己所建造的建筑物前飞来飞去，在石头子上歇息，在蜂房的石井栏边停一停。它们仿佛是在那儿悲苦地沉思默想，久久地凝视着那尚未完工的建筑物。它们离开了又回来，把周边的所有不速之客统统赶走，但它们再也不会去运送蜜浆或灰泥了。第二天，我没有再见到它们，不知它们去了哪里。工人没有了工具，哪儿

---

① 梅斯梅尔（1734—1815）：奥地利医生，提出"动物磁力"说，认为人可以通过这种磁力向他人传递宇宙力。

② 卡廖斯特罗（1743—1795）：意大利魔术家和冒险家，曾在欧洲兜售一种所谓的"长生不老药"。

还有心思干活儿？石蜂在垒屋砌窝时，总是用触角不停地拍打着、探测着，仿佛依靠自己的触角把活儿干得精细完美。触角就是它们的精密仪器，如同建筑工人的圆规、脚尺、水准仪和铅绳。

我一直用的是雌性昆虫在做实验，它们出于母性，对窝的建造更加忠实卖力。如果用雄蜂做实验，把它们弄到别的地方，会出现什么情况呢？

我原本对这些情郎并不看好。它们有这么几天工夫，围着蜂房乱哄哄地飞来飞去，等着雌蜂从蜂房出来，你争我夺，争风吃醋，然后，你就再也见不着它们的踪影，它们根本不去过问房屋居室盖到什么程度了。我就在想，对于雄蜂来说，留在出生的蜂房或去别处安家，有什么大不了的，只要那儿可以找到妻子或情人就可以了！可是，我想错了，错怪了它们，雄蜂回到了蜂房里来了。我考虑到雄蜂身体弱小，没有把它们弄到很远的地方去放飞，只让它们飞了一公里左右的路程。不过，尽管路途不算遥远，但对于雄蜂来说，这仍然是从陌生之地起飞的一次远程航行，因为我还从未见过雄蜂飞过这么长的距离。

有两种壁蜂——三叉壁蜂和拉特雷伊壁蜂，也同样飞到我的荒石园昆虫实验室的蜂房里来了。它们在石蜂留下的洞穴里建房搭窝。来得最多的是三叉壁蜂。这是探究这种定向感觉在多大程度上遍及膜翅目昆虫的大好机会。的确，三叉壁蜂无论雌雄，都知道返回窝里。我进行了一些短距离的实验，用的蜂不多，实验的结果与其他实验的结果相同，因此，我对自己的结论完全信赖。总之，加上我以往做的实验，得出的结论是，有四种昆虫能够返回自己的窝里，它们是棚檐石蜂、高墙石蜂、三叉壁蜂和节腹泥蜂。我可否就此将我的这一结论推而广之，认为昆虫就是具有这种从陌生的地方返回自己家园的能力呢？我还不敢这么说，因为据我所知，下面的一种相反的结果就很能说明问题。

在我的荒石园昆虫实验室里，有许多的实验品，首推红蚂蚁。这种红蚂蚁犹如捕猎奴隶的亚马孙人 ①，她们不善于哺育儿女，不会寻找食物，即使食物就在身边也不会去拿，必须依靠仆人们伺候她们进食，帮她们料理家务。红蚂蚁就是这样，专门去偷别人的孩子来伺候自己家族。它们抢掠邻居家的不同种类的蚂蚁，把别的蚂蚁的蛹掠到自己的蚁穴里来，不久之后，蛹蜕了皮，就成了红蚂蚁家中拼命干活的奴仆了。

炎热的夏季来到时，我经常看见这些"亚马孙人"从它们的营地出发，前去远征。这支远征的队伍竟长达五六米。如果沿途未遇见什么引起它们注意的事情，那它们的队形就始终保持不变；但是，如果突然发现了蚂蚁窝的话，前排打头的红蚂蚁就立刻停下脚步，变成散兵队形，乱哄哄地围成一团打转。这时候，后面的红蚂蚁便聚到这个蚁团中来，越聚越多。一些侦察尖兵被派出去打探，如果发现情况搞错了，它们便恢复原来的队形，继续前进。它们穿过园中小路，消失在草地中，但一会儿又在稍远点的地方出现了，然后又钻进枯枝败叶堆里，再大模大样地钻出来，就这样一直在寻寻觅觅。最后，终于发现了一个黑蚂蚁窝，红蚂蚁就立即急不可耐地闯入黑蚂蚁蛹穴，不一会儿，携带着各自的战利品纷纷爬出来。有时候，在这地下城市的城门口，遇上黑蚂蚁在守卫着，一方要尽力守护自己的财产，另一方则势在必得，双方混战一场，场面颇为惊心动魄。由于敌我双方力量悬殊，胜利者当然是红蚂蚁。这帮强盗，一个个用大颚咬住黑蚂蚁的蛹，急急忙忙地往回家的路上赶。不了解奴隶制的读者，可能对这种亚马孙人的抢掠故事感到有趣，可我却不想多谈这种事情，因为这个故事与我想要讲述的昆虫返回窝巢的主题有所偏离了。

_____

① 亚马孙人：希腊神话中的妇女民族，生活在高加索或斯基台一带。

抢掠蚁蛹的红蚂蚁的运输距离之远近，取决于附近有没有黑蚂蚁。有时候，十几步路远的地方就有黑蚂蚁穴，有时候则必须跑到五十步，甚至一百步开外的地方去寻找。我只看到过一次红蚂蚁远征到园子以外的地方去了。它们爬上园子那四米高的围墙，翻过墙去，一直爬到远处的麦田里。至于要走什么样的路，这支征服大军是并不在意的。荒芜的不毛之地、绿草茵茵的草坪、枯枝败叶堆、砖石建筑、杂草丛等，它们都可以爬过去，并不挑挑拣拣，有所偏好。

然而，返回的路却是不可改变的，必须是原路返回，无论原路是多么曲曲弯弯，高低不平，是否难行。由于捕猎的或然性，红蚂蚁往往要经由十分复杂难行的路途，但即便如此，它们在获得战利品返回家园时，仍旧是走原先来时的路，即使来路艰险万分，它们也始终不渝，绝对不会改变路线。

如果它们去时经过的是厚厚的枯叶堆，那对它们来说，就等于是满地深渊的地带，稍有不慎，一失足便掉进深渊里去了。一旦掉到很深的凹处，往上爬到摇摇晃晃的枯枝桥上，然后再走出这小路纵横交错的迷宫，红蚂蚁就得累个精疲力竭，浑身散架。即使这样，它们仍旧是死心塌地地沿着原路走。如果想偷点懒，旁边就是一条好走的道，十分平坦，而且离原路只一步之遥，可是，它们就是看不到这仅仅一步之隔的平坦大道。

有一天，我发现它们又出发去抢掠了，在池塘砌起的护栏内边排着长队往前挺进。头一天，我已经把池塘里的两栖动物换成了金鱼。突然间，一阵强劲的北风吹袭过来，从侧面狠狠地吹刮着它们，把好几排兵丁刮落到池塘中去。金鱼一见，立刻加速游了过来，张开那对于红蚂蚁来说深如巷道的大嘴，把落水者全都吞进肚里。天有不测风云，雄关漫道，红蚂蚁大队尚未越过天堑便伤亡惨重。我心里在想，它们归来时应走另一条道，何必非要经由这致命的悬崖峭壁呢？但情况并非如我所料。大颚里咬着黑蚂蚁蛹的长长队伍仍然是原路返回，尽管明知这条路崎岖艰难，有致命的危险。这对金鱼来说，倒是再好不过的了，它们得到了从天而降的双份吗哪①：蚂蚁和它的猎物。这不可理喻的顽固的红蚂蚁大队，宁愿损兵折将，也非要原路返回。

这帮亚马孙人之所以这么固执，看来是因为它们有时出外抢掠的路途较远，如果不原路返回，很可能迷了路，回不了家。毛虫从窝里出来，爬到另一根树枝上去寻找更合适可口的树叶时，会在自己走过的路上留下丝线，然后再沿着这条丝线回到自己的家中。这就是远行时会遇到迷路的危险的昆虫所能够使用的最基本的方法：一条丝线把它们带回了家。比起毛虫及其简单幼稚的寻路方法，我们对于依靠感官定向的石蜂以及其他一些昆虫的了解就非常少了。

红蚂蚁这种抢掠者虽然也属于膜翅目类，可它们出外返家的办法却是少得可怜。这从它们只知从刚刚走过的路往回返就可以看出来。它们这是不是在某种程度上仿效毛虫的办法呢？当然，它们沿途并不会留下指路的丝，因为它们身上并没有这样的器官。那么，它们会不会一路上散发出某种气味，譬如甲酸味什么的，以便通过嗅觉引导方向？许多人是持有这种看法的。

据说，蚂蚁就是通过嗅觉来辨明方向的，而它的嗅觉就在它那始终动个不停的触角上。我对这种看法持有怀疑。首先，我并不相信嗅觉会存在于触角上，其理由我已经提到过了；再者，我希望通过实验来证明红蚂蚁并不是依靠嗅觉来辨别方向的。

我时间很紧，没工夫一连几个下午去观察我的那些亚马孙人，

而且，即使浪费了这么多时间去跟踪观察，往往也无功而返。可我有一个小助手，她没我那么忙，她名叫路易丝，是我的小孙女，我每每跟她讲述蚂蚁的故事时，她都很感兴趣，而且还刨根问底。我把任务交代给她时，她高兴得像什么似的，对小小年纪就能为科学做出贡献感到十分自豪。于是，天气晴朗时，她便满园子跑，寻找红蚂蚁，监视红蚂蚁，仔细地辨认它们列队前去打劫黑蚂蚁窝的路径。她这已不是第一次充当我的小助手了，对她的认真负责，我是非常放心的。有一天，我正在记笔记，只听见有人砰砰地直敲我的书房门："是我，路易丝，快来，爷爷，红蚂蚁爬到黑蚂蚁窝里去了。快来呀！"我连忙打开房门，问她道：

"你看清楚它们走的路了吗？"

"看清楚了，我还做了记号哩。"

"做了记号？怎么做的？"

"像小拇指 ① 那样做的呗，我把小白石子撒在红蚂蚁走过的路上。"我赶忙跟着她跑到园子里去。没错，我的六岁的小助手说的没错。她事先准备好了一些小白石子，看到红蚂蚁大队人马浩浩荡荡地列队走出兵营，她便跟随其后，在它们行经的路上，隔一段撒上点小白石子。这帮亚马孙强盗打劫抢掠之后，便开始沿着小白石子所标示的那条路返回来。打劫地点与它们的家相距百米。这样一来，我便有时间进行事先利用空闲所策划的实验了。

我抄起一把大扫帚，把红蚂蚁的行军路线扫得干干净净，扫出的路面有一米宽，路面上的浮土全都扫尽，撒上点别的粉状材料。如果原先的浮土上留有红蚂蚁的气味的话，现在，浮土扫尽，粉状材料已经更换，红蚂蚁肯定会被弄得晕头转向，辨别不清方向。我把这条路的出口处分割成彼此相距几步远的四个路段。

---

① 小拇指：法国诗人、童话作家佩罗（1628—1703）的童话《小拇指》中的主人公。

现在，红蚂蚁大队来到了第一个切割开来的地方。它们明显地在犹豫。有的在往后退去，然后又返回来，接着又往后退去；有的则在切割开的部分的正面徘徊彷徨；有的就在侧面散开来，似乎想要绕开这个陌生的地方。蚁队的先头部队一开始是聚集在一起的，结成一个有几十厘米的蚁团，然后就散开来，宽度有三四米。这时候，后续部队也拥上前来，在这障碍物前越聚越多，相互堆挤在一起，乱哄哄一片，茫然不知所措。最后，有几只大胆的红蚂蚁，毅然决定冒险走上那条被扫过的路，其他的红蚂蚁随后便跟了上来；与此同时，有少数的红蚂蚁则绕了个弯，也走上了原先的那条路。其下面的那几个切割路段，它们同样也这么犹豫来犹豫去的，但最终，或直接地，或从侧面绕着，都走上了来时的那条路。我虽然设下了圈套，扫清道路，分段切割，但红蚂蚁最终还是沿着有小白石子标示的那条来时路返回了。

　　这个实验似乎说明红蚂蚁的嗅觉确实是在起作用。凡是在被切割的路段，红蚂蚁四次都同样地表现出犹豫不决来，但它们最后还是踏上了原路，回到了家中。这也许是我清扫得还不够干净彻底，一些有味道的浮土仍然残留在原来的那条路上。绕过扫干净的地方走的红蚂蚁，有可能是受到扫到一旁的浮土的气味所指引。因此，我还不能急着下结论，在表示赞成或反对嗅觉起作用之说以前，我必须在更好的条件之下，再进行实验，必须把它们留在一切材料上的气味全部消除干净。

　　几天之后，我认真细致地制订了新的计划。小路易丝又去帮我进行观察。很快她就跑回来向我报告，说红蚂蚁出洞了。我并不感到惊讶，因为时值6月，下午天气闷热难耐，特别是大雨将要来临，红蚂蚁很少不爬出洞来的。我仍旧把小白石子撒在红蚂蚁走过的路上，撒在我选定的最有利于实现我的计划的地方。我把一根为园子浇水用的帆布管子接到池塘的一个接水口上，把阀门打开；红蚂蚁经过的路径被管子里汹涌喷射出来的水给冲断了，冲出一个一步宽的大缺口。我就这么猛冲了一刻钟的工夫。然后，当红蚂蚁抢掠归来，走近这儿时，我减缓水流的速度，减小水层的厚度，免得让它们过于费劲。如果这帮强盗必须经由原路返回的话，那它们就必须越过这一巨大的障碍。

红蚂蚁的先头部队在这个大缺口面前犹豫了很长很长的时间，后面的红蚂蚁们有足够的时间赶上前来，与排头兵们聚集在一起。只见它们最后利用露出水面的卵石，走进急流；然后，脚下的基础没有了，那些最大胆最勇敢的便被流水裹挟而去，但它们的大颚仍旧紧紧地咬着，不肯丢弃自己的猎获物，就这样随波逐流，最后被冲到突出的地方，又到了河岸边，重新找寻可以涉水渡河的地方。地上有几根麦秸秆儿被冲得到处都是，这便是红蚂蚁需要迈上的摇晃不稳的独木桥。有一些橄榄树的枯枝，被咬着猎获物的乘客们当作了木筏。有一部分最勇敢的红蚂蚁，靠着自己的胆量，也靠着好运气，没有利用任何渡河工具，涉水而过，爬上了对岸。我看到有些红蚂蚁被水流卷带到此岸或彼岸两三步远的地方，看上去它们非常焦急，不知究竟该如何办才好。在这支溃散部队的一片混乱惶恐之中，在遭到这种灭顶之灾的时候，我没发现有哪一只红蚂蚁把嘴里的猎获物丢弃，它们是宁可死也绝不丢掉战利品的。总而言之，它们总算渡过了难关，勉勉强强地渡过了激流险滩，而且是从规定的路线渡过去的。

在这之前，湍急的水流已经把路段给清洗干净了，而且，在它们忙于渡河的时候，仍不断地有新的水流流过，因此我觉得，经过我这么一折腾，路上留下的气味应该是没有了，这个问题可以排除在外了。如果这条路上有丁酸味道，我们的嗅觉也嗅不出来，至少在我所说的条件下感觉不出来。现在，我来用一件更加强烈而且我们可以嗅得出来的气味来代替，看看会出现什么情况。

我来到了第三个出口处，在红蚂蚁必经之路上，拿了几把薄荷叶，把地面擦拭了一番。这薄荷叶是我刚从花坛里摘的，很新鲜，气味挺浓。在路的稍远处，我又用薄荷叶铺在地上。红蚂蚁抢掠归来，经过用薄荷叶擦拭过的地方时，没有显出担心、犹豫，而来到薄荷叶覆盖着的地段时，也只是稍加犹豫，便毅然决然地走了过去。

经过这两次实验——用水冲刷路面的实验和用薄荷叶改变气味的实验之后，我觉得，再认为是嗅觉在指引着蚂蚁沿着原路返回家园的，那就没有道理了。我再做一些别的测试，我们就会明白了。

现在，我对地面未加改变，而是用几张很大的纸张，横铺在路面上，用几块小石头把它们压住，弄平。这块纸地毯彻底地改变了道路的外貌，但丝毫没有去掉可能会有的气味。红蚂蚁爬到这纸地毯面前，非常犹豫，疑惑不解，比面对我所设下的其他圈套，甚至激流，都要更加犹豫不决。它们从各个方面探查，一再地前进，后退，再前进，再后退，最后才铤而走险，踏上了这片陌生的区域。它们终于穿越了纸地毯。通过之后，大队人马又恢复了原先的行进行列。

我在稍远处还设下一个圈套，在静候着这帮亚马孙抢掠大军。我用一层薄薄的细沙把路给切断，而这条路原本是浅灰色的。道路颜色这么稍加改变，就会让红蚂蚁颇费一番踟蹰。它们在这层薄薄的黄沙面前就像先前面对纸地毯一样，犯起嘀咕来，不过，它们犹豫的时间并不长，很快，就毅然决然地穿越了眼前的这道障碍。无论是黄沙铺地还是用纸铺成地毯，都没有使来时路上的气味消失掉，但红蚂蚁走到这些障碍面前时，都要先犹豫再三，停止前进，这就说明并不是嗅觉而是视觉使它们最终找到了回家的路。没错，是视觉在起作用，只不过它们的视力十分微弱，只要移动几个卵石就能改变它们的视野。由于它们近视得厉害，所以，一条纸带、一层薄荷叶、一层黄沙，甚至更加微小的改动，对它们来说简直就是面目全非，致使这些兴冲冲带着战利品班师回朝的抢掠大军焦急不安地在这陌生地带举步不前，徘徊彷徨。最终之所以还是穿越了这些可疑的地区，那是因为它们经过反复尝试，在企图穿过这片经过加工改造的地带的过程中，有几只蚂蚁终于认出了前面有些地方是它们所熟悉的，而其他的蚂蚁对这些视力较好的同胞十分信赖，便跟着它们穿了过去。当然，光靠这么点微弱的视力还是不够的，这些亚马孙强盗还具有精确的记忆力。蚂蚁还有记忆力？那它的记忆力是怎么回事？它的记忆力跟我们的有何相似之处？对于这些问题，我无从回答，但是，我可以明确地说，昆虫对于自己到过一次的地方是记得很准确的，而且还记得非常牢。这一点我可没少发现。我甚至还观察到这样的情况：红蚂蚁抢掠的猎获物太多，一趟搬不完，或者，这支远征军发现某处黑蚂蚁非常多。于是，第二天，或者第三天，它们还会进行第二次远征。在第二次同一条线路的远征中，大队人马无须沿途寻找，而是直奔目的地。我曾经沿着两天前这支抢劫大军所走过的那条路撒下小石子作为标记，我惊奇地发现它们走的是同一条路，走过一个又一个石子。

我事先就在推测，它们会根据我所做的路标，沿着我的石桥墩向前迈进。情况果然如此，没有出现什么大的偏离。

它们所走的路是两三天前的路了，路上留下的原来的气味应该已经散尽，不可能保持这么久的。所以我得出结论，是视觉在指引着远征的红蚂蚁们。当然，除了视觉之外，还有它们对地点极其准确的记忆。而它们的这种记忆力强到能把印象保留到第二天、第三天，甚至更久。这种记忆力极其精确，因为它在引导红蚂蚁穿越各种各样的地形地貌，沿着前一天或前几天所走过的路返回家园。

如果遇到不认识的地方，红蚂蚁会怎么办呢？除了对地形的记忆以外（在此，记忆力已于事无补，因为我假设这个地区还没有被探测过），它们有没有像石蜂那样的在小范围内的指向能力呢？能不能返回自己的居所，或者跟正在行进的大队会合呢？

这支抢掠大军并未搜寻园子里的角角落落。它们尤为喜欢探索的是北边，毫无疑问，在北边抢劫的收获最大。所以，它们的大队人马通常是向北边开拔。在南边，我却很少见到它们光顾。因此，它们对园子的南边即使不是完全不认识，起码也不如对北边那么熟悉。在做了这番交代之后，我们一起来观察一番，红蚂蚁在这片它们不太熟悉的地方会有什么样的表现。

我守候在红蚂蚁穴旁边。在大队人马抢掠归来的时候，我把一片枯叶放在一只蚂蚁面前，让它爬到叶子上面去。我没有去碰它，只是把它运送到离长长的队伍有两三步远的地方去，当然是往南边的两三步远处。这么远的距离，又是它所不熟悉的环境，它立刻便晕头转向了。我看到这只小红蚂蚁被放到地上之后，漫无目的地寻觅着，茫然不知所措，但是，并没有抛弃嘴里的战利品。只见它急匆匆地奔跑着，与自己同伴的距离越来越远了，可它还以为是在追赶队伍哩。不一会儿，它又折返回来，又走远去，东边试探一番之后又转向西边，向四面八方探寻，但总也找不对路。其实，它的同伴们就在离它两步远的地方向前挺进。我还记得有几只这样的迷路者，左寻寻右觅觅，忙乎了半个小时，又急又慌，始终走不上正道，而是越离越远，但大颚仍旧咬着黑蚂蚁蛹不放。它们后来的结局是什么？它们把它们的战利品如何处置了？我没有时间也没有耐心一直跟踪这几个迷路的强盗。

这种膜翅目昆虫显然没有其他的膜翅目昆虫所具有的指向感觉。它们只不过是能够记住所到之处而已，除此之外，没有其他方面的特长。只要让它偏离主路两三步远，它就会迷失方向，无法与家人团聚；而石蜂则不然，即使飞越几公里，也能找准方向。这种奇妙的感官只有几种动物才具有，而我们人却并不具备，我曾经对此深感惊讶。人与这几种动物在这个方面的差别竟然如此之大，引起了人们的争议。现在，这种差别已不复存在，进行比较的是两种十分相近的昆虫，两种膜翅目昆虫，它们之间竟然也有这么大的差异！如果它们是从一个模子里出来的，为什么一种膜翅目昆虫具有某种官能，而另一种膜翅目昆虫却并不具有呢？多了一个官能，这可非同小可，比起器官上的某个小问题来，这可是非常重要的特征啊！我对此不甚了了，我盼着进化论者能向我提供一个站得住脚的理由。

我们前面已经看到了这种对准确地点的惊人记忆能保持得那么久而且记得那么牢，那么，这种记忆力到底好到什么程度，竟然能把印象铭刻在心里？红蚂蚁需要多次走过或者只要一次远征就能知道沿途的地形地貌吗？它所走过的路线是不是一下子就深印在它的记忆之中了？红蚂蚁在出动去抢掠黑蚂蚁窝时，它们并没有固定的目标，是随心所欲地这么往前走的，边走边搜索，所以它们想往何处去搜寻猎物，我们无从干预。现在，让我们一起来观察一下其他膜翅目昆虫是怎么做的吧。

我选定了蛛蜂作为观察对象。我在此不准备专门介绍蛛蜂的习性。它们捕食蜘蛛和掘地虫。它们先抓住猎物，把它麻醉之后，留给未来的幼虫当作食粮，然后再建住所。如果带着沉重的猎物去寻找适合筑窝建巢的处所，那是极其困难且不方便的，因此，它便把猎获的蜘蛛之类的存放在草丛或灌木丛这样高一些的地方，以防不劳而获、坐享其成的其他昆虫，尤其是蚂蚁，趁自己不在时，把猎物给蚕食或糟蹋了。把猎物存放好之后，蛛蜂便去寻找一处合适地点，挖洞穴，筑窝巢。在建房造屋的过程中，它仍会时不时地飞去看看它存放的猎物；轻轻地咬一咬，拍一拍猎物，似乎因获得如此丰盛的食物而沾沾自喜，乐不可支；然后，它又回到建筑工地，继续挖洞建房。如果它觉得情况有点不对头，它不仅会去探看猎物，还会把猎物搬到离建筑工地近一些的地方来，当然，仍旧是存放在较高的地方。蛛蜂确实是这么做的，所以我可以利用这一特点去了解一下它的记忆力究竟好到什么程度。

当蛛蜂在地下忙着挖洞筑巢的时候，我便把它的猎物拿走，放在离原存放点仅半米远的空旷处。不一会儿，只见蛛蜂飞过来查看自己的猎物了，它径直飞向存放点。它对所走的方向非常有把握，对存放点记得非常清楚，这很可能是它此前曾多次来过这儿的缘故。我没见它以前来过，所以对此不敢妄加推测。总之，蛛蜂一下子就找到了存放猎物的草丛。它在草丛上走过来走过去的，仔细地查找猎物，多次回到存放猎物的那个点。最后，它确信自己的猎物已不翼而飞，便用触角拍打地面，慢慢地在存放点四周再仔仔细细地搜寻，终于发现猎物就在一旁不远处的一个空旷的地方。它觉得莫名其妙，非常惊讶。它朝猎物走去，突然猛地一惊，往后直退。猎物是活的还是死的？是我刚才捕获的那个猎物吗？它那模样好像是在如是想。其实并不是这么回事。

蛛蜂只犹豫了不大的一会儿，然后便咬住猎物，倒退着拉住它，把它拉到离第一次的存放点两三步远的植物丛里，存放在高处。接着，它又回到工地，又挖了一段时间。我趁它返回工地时，再一次地把它的猎物移换了位置，把它放在离存放点稍微远一点的光秃秃的空地上。这种情况是很适合评判蛛蜂的记忆力的。已经有两个草丛作为它的猎物存放处了。第一个草丛，蛛蜂是十分准确地回到那儿去的，这很有可能是因为这个存放点它已来过多次，有较深的印象，但我并未观察到；而对第二个草丛，它的记忆中肯定只有一点肤浅的印象，它并没经过仔细观察便选定了，只是匆匆忙忙地把猎物挂在草丛高处，便急急忙忙地返回工地了。这第二个存放点是它第一次看到，而且是经过时匆忙看到的。这么匆匆一瞥，它能记得很准确吗？另外，在昆虫的记忆中，两个地点现在可能被搞混了，第一个存放点跟第二个存放点会让它不知谁先谁后。它究竟会往哪儿去探看呢？

我们很快就能知晓结果。蛛蜂已离开洞穴，再一次去查看自己存放的猎物。它径直奔向第二个存放点，在那儿找了很久，怎么也找不到自己的猎物。它明明知道自己就是把猎物存放在那儿的，怎么会找不着呢？它继续在那儿寻找着，根本没有打算回到第一个存放点去看看。对于它而言，第一个存放点已不复存在，它关心的只是这第二个存放点。只见它在原地找了个遍之后，又往四周继续寻过去。

它终于在那个光秃秃的空旷地找到了自己的猎物，那是我把猎物放到那儿去的。蛛蜂立即把寻找回来的猎物存放到第三个草丛高处。我又对它进行了测试。这一次，蛛蜂毫不迟疑地就直往第三处草丛奔去，根本就没有与前面两个存放点混淆，对头两处它根本不屑一顾，足见它的记忆力是十分准确的。我以同样的方法又进行了两次实验，蛛蜂总是直奔最后的那个存放点，对先前的存放点根本不予理会。蛛蜂这个小家伙的记忆力真是惊人，令我叹服。一个与别处并无多大不同的地方，它只要匆匆忙忙地瞥上一眼，就能够深深地印在记忆之中，何况它还有很多的活儿要干，还得忙着建房造屋，操心的事不少。我们作为高级动物，我们的记忆力能够始终像蛛蜂那么好吗？我看未必。回过头来再看看红蚂蚁，它也具有与蛛蜂同样的记忆力，因此，它在长途跋涉之后，沿着原路返回家中，也就没有什么可以怀疑，没有什么无法解释的了。

现在，我来再给蛛蜂制造点麻烦，增加点难度。我用指头在土里按下一个印，弄出个凹坑，把蛛蜂的猎物放进这个小凹坑里，上面用一片薄薄的叶子盖好。蛛蜂来到猎物存放点之后，居然从叶子上穿过，在上面走过来走过去，却并没想到自己的猎物就在叶下。然后，它又往四周去寻找，终无所获。这就说明，指引它的并非嗅觉，而是视觉。在此期间，它的触角一直在不停地拍打着土地。那么，触角这个器官究竟起什么作用呢？我说不清楚，我只知道它不是嗅觉器官。通过对砂泥蜂寻找灰毛虫的实验，我已经得出了这个结论；现在，我所得到的证据已经经过实验，我觉得这是决定性的，毋庸置疑。我还得指出，蛛蜂的视力很弱，所以它虽经常在离自己猎物不远的地方来来往往地寻找，却没能一眼就看到自己那被我挪了窝儿的猎物。

蝉和蚂蚁的寓言

　　声誉大多是随着故事传说造就的，而童话则更胜故事一筹，无论是有关人类的还是有关动物的。特别是昆虫，如果说它无论以哪种方式吸引了我们，那是因为有许许多多关于它的传说，而这种传说的真实与否则是无关紧要的。

　　譬如，有谁不知道蝉呢？起码也听闻其名吧。在昆虫学领域中，还能找到如它那样名声很大的昆虫吗？它那钟情于歌唱而不顾未来如何的声名，早在我们训练记忆之初便被当作素材了。人们用易学好懂的短小诗句告诉我们，当寒风四起，严冬来临，一无所有的蝉便跑到其邻居蚂蚁那儿去喊饿求食去了。乞食者不受欢迎，遭到不堪忍受的讽刺挖苦，这反而让它名声大振。蚂蚁说了如下两句虽简短却粗俗无情的话语：

　　　　您先前唱了又唱！我听着舒服，
　　　　好呀，您现在就跳吧。

　　这两句话给蝉带来的声誉远胜于它精湛的演唱威名。这深深地印入孩子们的心灵深处，永不会磨灭。

蝉生活在油橄榄生长的地区，大多数人并不知道其歌唱本领，但它在蚂蚁面前的落魄沮丧样儿，无论大人还是孩子全都知晓。名声即源于此！一个是如同自然史一样其道德受到践踏的极具争议的故事，一个其全部好处就在于又短又小的奶妈说的故事，就是一种声誉的基础，而这种声誉将会像《小拇指》中的靴子和《小红帽》中的烙饼一样地牢牢地支配着岁月留下的残存记忆[①]。

儿童是极为优秀的记忆器。习惯、传统一旦存入其记忆库，就无法抹去。蝉的大名应归功于儿童，是他们在最初学着背诵时，磕磕巴巴地说出了蝉的不幸遭遇。构成寓言基本内容的那些荒谬浅薄的东西因他们而将保存下去：严寒来临时，蝉将永远挨冻受饿，尽管冬天已不再有蝉了；蝉将永远乞讨几颗麦粒，尽管它那娇嫩的吸管根本就吸不进这种食物；蝉还将讨要苍蝇和蚯蚓，尽管它从来不吃它们。

这些荒唐的错误，责任究竟在谁呢？在拉·封丹[②]。他的大部分寓言因观察之细微，颇让我们着迷，但有关蝉的描述却是考虑欠佳的。他的寓言里最早的那些主角，如狐狸、狼、猫、山羊、乌鸦、老鼠、黄鼠狼以及其他许许多多动物，他非常熟悉，所以他在跟我们讲述它们的事情和动作时，惟妙惟肖，入木三分。它们是一些高地的动物，是他的邻居，是他的常客。它们公开和私下的生活都是他天天所见的，但是，在兔子雅诺欢蹦乱跳的地方，蝉是见不到的。拉·封丹从来没有听见过它歌唱，从来没有看见过它。他以为，这个著名的歌唱家肯定是一种蚱蜢。

---

① 《小拇指》和《小红帽》系法国童话作家佩罗的作品，在法国家喻户晓。

② 拉·封丹：法国 17 世纪著名寓言作家，其寓言闻名于世，如《乌鸦与狐狸》等，中国读者也很喜爱。

格兰维尔①的画笔尽管与拉·封丹寓言配合得相得益彰，但也犯了同样的错误。在他的插图里，蚂蚁一副勤劳的家庭主妇的打扮。它站在门槛上，身旁是大袋大袋的麦子，不屑地背对着伸着爪子——对不起，伸着手——的乞讨者。头戴18世纪阔边女帽，腋下夹着吉他，裙摆被凛冽寒风吹贴在小腿肚子上，这就是那第二个人物的形象，与蚱蜢一模一样。格兰维尔同拉·封丹一样，也没弄清楚蝉的真实模样，他栩栩如生地再现了那个以讹传讹的错误。

在这个内容贫乏的小故事里，拉·封丹只不过是拾了另一位寓言作家的牙慧而已。蝉备受蚂蚁冷落的传说如同利己主义，也就是说如同我们的世界一样，历史久远了。古雅典的孩童背着满袋无花果和油橄榄去上学时，嘴里就已经像是在背书似的嘟囔这个故事了："冬天到，蚂蚁们把自己受潮的食物搬到太阳下晒干。突然间，一只饥肠辘辘的蝉跳上前来求乞。它想讨几粒粮食。吝啬的蚂蚁们回答：'你夏日里欢唱，那冬天你就蹦跳吧。'"尽管这个情节有点枯燥，但那正是拉·封丹的有悖常理的主题。

可这个寓言正是源自希腊，那是有名的盛产油橄榄、蝉的地方。难道伊索②果真像传说所说的那样就是这则寓言的作者吗？这令人怀疑。不过，这也无关紧要，因为那位讲故事的人是希腊人，是蝉的老乡，他应该对蝉颇为了解。在我们村子里，没有那种缺少见识的农民，会不知道冬天根本就没有蝉。冬季来临，必须为油橄榄树培土时，村子里凡是用锹铲土的人都认得蝉的初始形态——幼体。他们在小路边成百上千次地看见过它，知道夏季来临时，这个幼体是如何从自己修建的圆洞中钻出地面的，知道

---

① 格兰维尔：法国19世纪的著名画家，为《拉·封丹寓言》配过插图。

② 伊索：公元前6世纪前后古希腊的寓言作家。

它如何抓挂在细树枝上，背上裂开一道缝，蜕去比硬羊皮纸还要硬的外壳，变成浅草绿色，然后又变成了褐色，成了一只蝉。

阿蒂卡①的农民也并不傻，他们也注意到了最不开眼的人都能看出的情况，他们对我的那些乡巴佬乡邻十分清楚的东西也是知道的。这则寓言的作者，不管他是哪位文人，都是处于最有利的条件之下，对这类事情肯定是十分了解的。那么，他故事的这种谬误是源自哪里呢？

拉·封丹情有可原，而古希腊的那位寓言作家则是不可原谅的，他只讲述书本上的蝉，而不去了解近在咫尺的像锣钹似的振翅鸣叫的真实的蝉。他不关心现实，却因袭传说。他是一位更古老的故事讲述者的应声虫。他在复述由可敬的文明源头印度传来的故事。他根本没有弄清楚印度人笔下描述的主旨是在表明一种无远见的生活会导致什么样的危险，却以为编成故事的动物场景比蝉和蚂蚁的对谈更贴近真实。印度人是动物的伟大朋友，是不会犯这样的错误的。这一切似乎表明，原始故事的那个主人公不是我们的蝉，而是另一种动物——或者称之为昆虫——其习性与所编的故事颇为吻合。

这则古老的故事在许多世纪里令印度河流域的贤哲们深思，令那儿的孩子们得到乐趣，它也许像历史上某个族长第一次提出节俭持家一样年代久远，并一代一代地流传下去，内容基本上还是忠实的，但正如所有的传说一样，因为要适应当时高地的情况，细节便因岁月的无情而有所扭曲了。

希腊乡间并无印度所讲述的这种昆虫，人们便差不离儿地把蝉加进故事里去，正像在现代雅典——巴黎一样，把蝉与蚱蜢给搞混了。错已铸成。从此，谬误深印进孩子们的记忆之中，无法

---

① 阿蒂卡：希腊的一个半岛名，首都雅典即位于岛上。

抹去，假成了真，真却成了假。

让我们试着为这个被寓言糟践的歌手正名吧。我首先得承认，它是个讨厌的邻居。每年夏天，它们被两棵枝繁叶茂的高大法国梧桐所吸引，成百成百地飞到我家门前安家落户，从日出到日落，此起彼落地叫个不停，震得我脑袋生疼。在这一片吱吱声中，你无法思考问题，思绪被打乱，头昏脑涨，没法定下心来。如果我不起早点儿干些事，那一整天就会泡汤了。啊！该死的虫子，我本想安静地待着，可你却成了我住所的一大祸害。

竟然有人说，雅典人把你养在笼子里，好惬意地听你歌唱。吃饱饭眯瞪着，有一只蝉叫叫还凑合，但成百只一起嚷叫，震得你耳鼓疼痛，你无法集中精神，真让人活受罪呀！你振振有词，说是你先来到这儿的，有权鸣唱。在我住到这里之前，那两棵法国梧桐完全属于你，而我却成了其树荫下的不速之客。可我得先告诉你，为了照顾给你写故事的人，你得在你的响钹上装个减音器，压低你的叫声。

事实真相把寓言作家向我们讲述的东西当作肆意杜撰给摒弃了。当然，蝉和蚂蚁之间有时是有一些关系的，这是毫无疑问的，只不过，这些关系与人们讲给我们听的正好相反。这些关系并不是出自蝉的主动，它从不需要靠别人的帮助活下去，而是来自蚂蚁这个贪得无厌的剥削者，它把所有可吃的东西全都搬到自己的粮仓里。无论何时，蝉都不会跑到蚂蚁门前嚷饿去，还一本正经地许诺将来连本带利一并奉还。恰恰相反，是蚂蚁实在饿得不行，跑去乞求那个歌手的。我说的是"乞求"！借和还是从来不存在于掠夺者的习性中的。蚂蚁剥削蝉，厚颜无耻地把它洗劫一空。我们要讲讲这种洗劫，这是至今尚无人知晓的历史悬案。

七月流火，午后酷热难耐，成群的昆虫干渴难忍，在枯萎打蔫儿的花上爬来爬去，想找点儿水解渴，而蝉却对普遍的水荒不屑一顾。它用它那如钻头般的细嘴，在自己那永不干涸的酒窖中钻了起来。它不停地歌唱着，落在一棵小树的细枝上，钻透那坚硬平滑、被太阳晒得汁液饱满的树皮。它从钻孔中把吸管插进去之后，便一动不动地、聚精会神地、美滋滋地沉浸在汁液和歌声的甜美之中。

如果我们多盯着它看一会儿，也许会看到一些意想不到的悲惨事情。果然，许许多多渴得不行的家伙在转悠。它们发现了这口井，因为井边渗出汁液而暴露了。它们一拥而上，一开始还有点儿小心翼翼地，只是舔舔渗出来的汁液。我看见拥挤在甜蜜的井口旁的有胡蜂、苍蝇、球螋、泥蜂、蛛蜂、金匠花金龟，最多的是蚂蚁。

最小的，为了靠近清泉，便从蝉的肚腹下钻过去，宽厚仁慈的蝉便抬起爪子，让这些不速之客自由通过。个头儿大的急得直跺脚，挤上前去，飞快地嘬上一口，退了出来，跑到旁边的树枝上兜上一圈，然后又更加大胆地返回来。不速之客们越来越贪心：刚才还谨小慎微的它们突然变成了一群乱哄哄的侵略者，一心要把掘井者从井边驱逐掉。

在这群冲锋陷阵的强盗中，最大胆最坚决的就是蚂蚁。我看见有一些蚂蚁在咬蝉爪，还看见一些蚂蚁在扯蝉翼尖，趁势爬上蝉背，挠蝉的触角。一只胆大包天的蚂蚁就在我的眼前咬着蝉的吸管，拼命地往外拽。

巨蝉被这帮小蚂蚁如此这般地搅扰得没了耐心，终于弃井而去。它在逃走时还向这帮劫匪撒了一泡尿。对于蚂蚁来说，蝉的这种高傲的蔑视无伤大雅！反正它的目的达到了。它成了这口井的主人，但是，使井冒水的泵已不再转，井很快也就干涸了。井水虽少，但却甘甜。一旦再有机会，它们还会用同样的法子再喝上几大口的。

大家都看到了，事实彻底地把寓言臆想的角色给调换过来了。毫不客气、抢劫时绝不退缩的求食者是蚂蚁，而甘愿与受苦者分享甘露的能工巧匠是蝉。还有一点也足以把颠倒的情况调整过来。经过五六个星期漫长的欢唱之后，歌手生命耗尽，从大树高处跌落下来。它的尸体被烈日晒干，被行人的脚踩踏。时刻在寻找战利品的蚂蚁撞见了它，随即把这美食扯碎、肢解、弄烂，搬到自己那丰富的食物堆中去。甚至还可以看到蝉虽已奄奄一息，但翼还在灰土中颤动，可是一小队蚂蚁便拥上去向各个方向拉扯它、撕拽它。此时的蝉伤心至极。看了这同类相残之后，就不难看出这两种昆虫之间到底是什么关系了。

　　古希腊罗马对蝉有着很高的评价。人称"希腊贝朗瑞"① 的阿纳克里翁② 为蝉写了一首颂歌，对蝉称颂有加。他说："你几乎就像诸神明一样。"但诗人这么赞颂蝉，其理由却并不很恰当。他的理由是说蝉有如下三个特点：生于地下，不知疼痛，有肉无血。我们也不必指责诗人犯了这些错误，因为那是当时的普遍看法，而且在有人细致入微地进行观察之前，这种看法已流传甚久。再说，在这种讲究对仗押韵的小诗句中，人们对这一点也没有过于关注。

　　即使在今天，和阿纳克里翁一样很熟悉蝉的普罗旺斯的诗人们，在赞颂他们视之为标志的这种昆虫时，也并没怎么关心真实的蝉。但是，这种指责却牵扯不到我的一个朋友，他是个痴迷的观察家和一丝不苟的务实派。他准许我从他的活页本中抽出一页普罗旺斯语的诗，他以极其严谨的科学态度着重描述了蝉和蚂蚁的关系。诗中的诗意形象及道德评价责任在他，这样娇美的花朵

① 　贝朗瑞（1780—1857）：法国著名的诗人、歌词作者。
② 　阿纳克里翁（公元前 6 世纪）：古希腊的抒情诗人。

在我的博物学园地上是长不出来的。但是，我得肯定他的叙述的真实性，与我每年夏天在我的花园中的丁香树上所看到的情况一致。我把他的诗译成法语附在下面，但有许多地方译的意思只是相近而已，因为法语中并不是总有与普罗旺斯语对应的词的。

蝉和蚂蚁

1

上帝啊，真热呀！但却是蝉的好时光，
它乐至疯狂，欢唱昂扬。
火热七月，收割忙。
金色麦浪翻滚，收割者，
弯腰弓背，辛苦劳作不歌唱：
它口干舌燥，有歌无法唱。

这是你的好时光，你就放声唱吧，
娇小可爱的蝉呀，
敲响你的响钹，
扭动你的肚腹，亮出你的两片镜子。
农夫在挥镰，刀起秆落，
刀光在麦浪中闪亮。

小水罐挂在割麦人腰间，
罐中装满水，罐口有草堵塞。
磨刀石凉快地待在木盒里，
不停地有水浇润，
可农夫在烈日下呼哧喘息，
只觉得骨髓都快煮沸。

可你，蝉儿，你可是有清泉解渴呀：
你那尖细的小嘴钻透细枝树皮，
出现一眼清甜多汁的水井。
糖汁顺着窄细的管道涌出。
泉水汩汩流淌，
你美美地吮吸畅快。

啊！太平时光不会总这么长！
左邻右舍尽是窃贼，
外加散兵游勇流浪儿，
都看见你掘了一口甜井。
它们口渴难耐，痛苦地挪上前来，
意欲攫取你的一滴甜浆。
小心点儿呀，我的小可爱：
这帮饥渴非常的家伙，
先是谦卑恭顺，
转眼间就变成无赖疯狂。

它们先是沾沾嘴唇，
然后便不满足于你的剩饭残汤，

它们抬起头来，想把一切占光。

它们将会如愿以偿。

它们爪似耙，搔弄你的翅尖。

在你宽大的脊背上，

一阵爬上爬下地忙，

抓你的嘴，拽你的角，扯你的脚趾。

它们从这儿那儿四处扯，

让你冒火又惆怅。

你滋的一泡尿，

喷向这帮强徒，

你便离开树枝。

你远远地离开这帮无赖，

可它们抢占了你的甜水井，

狂笑不已，满心欢畅，

津津有味地舔着玉液琼浆。

而这帮不知疲倦地吮吸的流浪汉中，

尤数蚂蚁为最强。

苍蝇、黄边胡蜂、胡蜂、鳃角金龟，

等等各色无赖、骗子，

都是大太阳逼迫无奈来到你的井旁，

唯独蚂蚁是铆足劲儿地要把你损伤。

踩你的脚趾，挠你的脸，

捏你的鼻子，躲你腹下乘凉，

凡此种种，唯它最强。

这混蛋拿你的爪子当梯，

大胆地爬上你的翅膀，
趾高气扬地溜来荡去，
上下奔忙。

2

现在讲述一个不足为信的故事。
早年间，老人们对我们说，
冬季某日，你饥肠辘辘，耷拉着脑袋，
偷偷地前去
蚂蚁的地下大粮仓窥探。

富有的蚂蚁把夜间寒露打湿的麦粒
摊晒在太阳下，
准备存于地窖中。
麦粒已晒干，蚂蚁在装袋。
你眼含泪水，突然光临。
你央求它说："天寒地冻，北风
呼啸，我快饿死了。
你余粮成堆，
借我一点儿，
甜瓜成熟时节，
我定当奉还。
借我点儿麦粒吧。"

你还是走吧。

你要是以为它会借给你，
你就大错特错了。
那大袋大袋的粮食，
你休想弄到一星半点儿。
"滚开去，刮桶底儿去吧。
你夏天唱得来劲儿，
冬天就该饿死！"
古老的寓言就是这么说的，
它劝告我们学做吝啬鬼，
看紧钱袋偷着乐，
让那些蠢货尝尽饿肚之苦才满足！

寓言作家说的让我冒火，
竟然说你冬天去寻找
苍蝇、小虫、谷粒，
可你从来不吃这些呀。
麦粒！天呀，你要它干什么！
你自有自己的甘泉，
不求其他任何物。

冬天与你何干！你的后代子孙
在地下酣睡，
而你也将长眠不醒。
你的尸体落下，玉碎香消。
有一天，觅食的蚂蚁，看见了它。
在你干瘪的皮肤上，
可恶的蚂蚁在争抢；

掏空了你的胸腔，把你撕成了碎片，

当作腌货贮藏，

冬天大雪纷飞，这可是美味佳粮。

3

这才是真实的故事，

与寓言所说的完全不一样。

该死的，你们做何感想！

啊，专捡便宜的家伙，

利爪带钩，挺胸腆肚，

带着保险箱统治在世上。

混账的，你们还口吐流言，

说艺术家从不干活，

蠢货就该遭殃。

闭上你们的臭嘴吧，

蝉在钻透树皮找佳酿，

你们却偷吃偷喝忙，

它玉碎身亡，你们仍揪住不放。

　　我的朋友用他那富于表达力的普罗旺斯方言，如此这般地为被寓言作家污蔑的蝉平了反。

蝉出地洞

　　将近夏至时分，第一批蝉出现了。在人来人往、被太阳暴晒、被踩踏瓷实的一条条小路上，张开着一些能伸进大拇指、与地面持平的圆孔洞。这就是蝉的幼虫从地下深处爬回地面来变成蝉的出洞口。除了耕耘过的田地以外，几乎到处可见一些这样的洞。这些洞通常都在最热最干的地方，特别是在道旁路边。出洞的幼虫有锐利的工具，必要时可以穿透泥沙和干黏土，所以喜欢最硬的地方。

　　我家花园的一条甬道由一堵朝南的墙反射阳光，照得如同到了塞内加尔一样，那儿有许多的蝉出洞时留下的圆洞口。6月的最后几天，我检查了这些刚被遗弃的井坑。地面土很硬，我得用镐来刨。

　　地洞口是圆的，直径约两厘米半。在这些洞口的周围，没有一点儿浮土，没有一点儿推出洞外的土形成的小丘。事情十分清楚：蝉的洞不像粪金龟这帮挖掘工的洞，上面堆着一个小土堆。这种差异是二者的工作程序所决定的。食粪虫是从地面往地下掘进；它是先挖洞口，然后往下挖去，随即把浮土推到地面上来，堆成小丘。而蝉的幼虫则相反，它是从地下转到地上，最后才钻开洞口，而洞口是最后的一道工序，一打开就不可能用来清理浮土了。食粪虫是挖土进洞，所以在洞口留下了一个类鼹鼠丘；而蝉的幼虫是从洞中出来，无法在尚未做成的洞口边堆积任何东西。

蝉洞约深四分米。洞是圆柱形，因地势的关系而有点弯曲，但始终要靠近垂直线，这样路程是最短的。洞的上下完全畅通无阻。想在洞中找到挖掘时留下的浮土那是徒劳的，哪儿都见不着浮土。洞底是个死胡同，成为一间稍微宽敞些的小屋，四壁光洁，没有任何与延伸的什么通道相连的迹象。

根据洞的长度和直径来看，挖出的土有将近两百立方厘米。挖出的土都跑哪儿去了呢？在干燥易碎的土中挖洞，如果只是钻孔而未做任何其他加工的话，洞坑和洞底小屋的四壁应该是粉末状的，容易塌方。可我却惊奇地发现洞壁表面被粉刷过，涂了一层泥浆。洞壁实际上并不是十分光洁，差得远了，但是，粗糙的表面被一层涂料盖住了。洞壁那易碎的土料浸上黏合剂，便被粘住不脱落了。

蝉的幼虫可以在地洞中来来回回，爬到靠近地面的地方，再下到洞底小屋，而带钩的爪子却未刮擦下土来，否则会堵塞通道，上去很难，回去不能。矿工用支柱和横梁支撑坑道四壁；地铁的建设者用钢筋水泥加固隧道；蝉的幼虫这个毫不逊色的工程师用泥浆涂抹四壁，让地洞长期使用而不堵塞。

如果我惊动了从洞中出来爬到近旁的一根树枝上去，在上面蜕变成蝉的幼虫的话，它会立即谨慎地爬下树枝，毫无阻碍地爬回洞底小屋里去，这就说明即使此洞就要永远被丢弃了，洞也不会被浮土堵塞起来。

这个上行管道不是因为幼虫急于重见天日而匆忙赶制的，这是一座货真价实的地下小城堡，是幼虫要长期居住的宅子。墙壁进行了加工粉刷就说明了这一点。如果只是钻好之后不久就要丢弃的简单出口的话，就用不着这么费事了。毫无疑问，这也是一种气象观测站，外面天气如何在洞内可以探知。幼虫成熟之后要出洞，但在深深的地下它无法判断外面的气候条件是否适宜。地下的气候变化太慢，不能向幼虫提供精确的气象资料，而这又正是幼虫一生中最重要的时刻——来到阳光下蜕变——所必须了解的。

幼虫几个星期，也许几个月地耐心挖土、清道、加固垂直洞壁，但却不把地表挖穿，而是与外界隔着一层一指厚的土层。在洞底它比在别处更加精心地修建了一间小屋。那是它的隐蔽所、等候室，如果气象报告说要延期搬迁的话，它就在里面歇息。只要稍微预感到风和日丽的话，它就爬到高处，透过那层薄土盖子探测，看看外面的温度和湿度如何。

如果气候条件不如意，如果刮大风下大雨，那对幼虫蜕变是极其严重的威胁，那谨小慎微的小家伙就又回到洞底屋中继续静候着。相反，如果气候条件适宜，幼虫用爪子捅几下土层盖板，便可以钻出洞来。

似乎一切都在证实，蝉洞是个等候室，是个气象观测站，幼虫长期待在里面，有时爬到地表下面去探测一下外面的天气情况，有时便潜于地洞深处更好地隐蔽起来。这就是蝉在地洞深处建有一个合适的歇息所，并将洞壁涂上涂料以防止塌落的原因之所在。

但是，不好解释的是，挖出的浮土都跑到哪儿去了？一个洞平均得有两百立方厘米的浮土，怎么全都不见了踪影？洞外不见有这么多浮土；洞内也见不着它们。再说，这如炉灰一般的干燥泥土，是怎么弄成泥浆涂在洞壁上的呢？

蛀蚀木头的那些虫子的幼虫，比如天牛和吉丁的幼虫，好像应该可以回答第一个问题。这种幼虫在树干中往里钻，一边挖洞，一边把挖出来的东西吃掉。这些东西被幼虫的颚挖出来，一点一点地被吃下，消化掉。这些东西从挖掘者的一头穿过，到达另一头，滤出那一点点的营养成分后，把剩下的排泄出来，堆积在幼虫身后，彻底堵塞了通道，幼虫也就不得再从这儿通过了。由胃或颚进行的这种最终分解，把消化过的物质压缩成比没有伤及的木质更加密实的东西，致使幼虫前边出现一个空地儿，一个小洞穴，幼虫可以在其中干活儿。这个小洞穴很短小，仅够关在里面的这个囚徒行动。

蝉的幼虫是不是也是用类似的方法钻掘地洞的呢？当然，挖出来的浮土是不会通过幼虫的体内的，而且，泥土，哪怕是最松软的腐殖土，也绝不会成为蝉的幼虫的食物的。但是，不管怎么说，被挖出来的浮土不是随着工程的进展逐渐地被抛在幼虫身后了吗？

蝉在地下要待四年。这么漫长的地下生活当然不会是在我们刚才描绘的准备出洞时的小屋中度过的。幼虫是从别处来到那儿的，想必是从比较远的地方来的。它是个流浪儿，把自己的吸管从一个树根插到另一个树根。当它或因为冬天逃离太冷的上层土壤，或因为要定居于一个更好的处所而迁居时，它便为自己开出一条道来，同时把用颚这把镐尖挖出的土抛在身后。这一点是无可争辩的。如同天牛和吉丁的幼虫一样，这个流浪儿在移动时只要很小的空间就足够了。一些潮湿的、松软的、容易压缩的土对于它来说就等于是天牛和吉丁幼虫消化过后的木质糊糊。这种泥土很容易压缩，很容易堆积起来，留出空间。

困难来自另一个方面。蝉洞是在干燥的土中挖掘而成的，只要土始终保持干燥，那就很难压紧压实。如果幼虫开始挖通道时就把一部分浮土扔到身后的一条先前挖好现已消失的地道中去，这也是比较有可能的，尽管还没有任何迹象可以证明这一点。不过，如果考虑到洞的容量以及极难找到地方堆积这么多的浮土的话，你就又会怀疑起来，心想："这么多的浮土，必须有一个很大的空间才存放得下，而挖成这个空间也同样要出现许多的浮土，要存放起来同样是困难重重。这样就又得有一个空间，同样也就会有许多浮土，如此循环不已。"就这么转来转去，没有个头。因此，光是把压紧压实的浮土抛到身后尚无法解释空间出现这一难题。为了清除掉碍事的浮土，蝉应该是有一种特殊的法子的。我们来试试解开这个谜。

我们仔细观察一只正在往洞外爬的幼虫。它或多或少总要带上点或干或湿的泥土。它的挖掘工具——前爪尖上沾了不少泥土颗粒；其他部位像是戴上了泥手套；背部也满是泥土。它就像是一个刚捅完阴沟的清洁工。这么多污泥看了让人惊讶不已，因为它是从一个很干燥的土里爬出来的。本以为会看见它满身的粉尘，但却发现它是一身的泥污。

再顺着这个思路往前观察一下，蝉洞的秘密就解开了。我把一只正在对其洞穴进行挖掘的幼虫给挖了出来。我运气真好，幼虫正开始挖掘时我便有了惊人的发现。一个大拇指一样长的地洞，没有任何的阻塞物，洞底是一间休息室，眼下全部工程就是这个状况。那位辛勤的工人现在是个什么样呢？就是下面的这种状况。

这只幼虫的颜色比我在它们出洞时捉到的那些幼虫苍白得多。眼睛非常大，特别白，浑浊不清，看不清东西。在地下视力有什么用？而出了洞的幼虫的眼睛则是黑黑的，闪闪发亮，说明能看得见东西。未来的蝉儿出现在阳光下，就必须寻找，有时还得到离洞口挺远的地方去寻找将在其上蜕变的悬挂树枝。这时候视力就非常重要了。这种在准备蜕变期间的视力的成熟足以告诉我们幼虫并非仓促即兴地挖掘自己的上行通道，而是干了很长的时间。

另外，苍白而眼盲的幼虫比成熟状态时体型要大。它身体内充满了液体，就像是患了水肿。用指头捏住它，尾部便会渗出清亮的液体，弄得全身湿漉漉的。这种由肠内排出来的液体是不是一种尿液？或者只是吸收液汁的胃消化后的残汁？我无法肯定，为了说起来方便，我就称它为尿吧。

喏，这个尿液就是谜底。幼虫在向前挖掘时，也随时把粉状泥土浇湿，使之成为糊状，并立即用身子把糊状泥压贴在洞壁上。这具有弹性的湿土便糊在了原先干燥的土上，形成泥浆，渗进粗糙的泥土缝隙中去。拌得最稀的泥浆渗透到最里层，剩下的则被幼虫再次挤压、堆积，涂在空余的间隙中。这样一来，坑道便畅通无阻，一点浮土都不见了，因为浮土已被就地和成了泥浆，比原先没被钻透的泥土更瓷实、匀称。

幼虫就是在这黏糊糊的泥浆中干活儿来着，所以当它从极其干燥的地下出来时便浑身泥污，让人觉得十分蹊跷。成虫虽然完全摆脱了又脏又累的矿工活儿，但并未完全丢弃自己的尿袋；它把剩余的尿液保存起来当作自卫的手段。如果谁离得太近地观察它，它就会向这个不知趣的人射出一泡尿，然后便一下子飞走了。蝉尽管性喜干燥，但在它的两种形态中，都是一个了不起的浇灌者。

不过，尽管幼虫身上积满了液体，但它还是没有那么多的液体来把整个地洞挖出的浮土弄湿，并让这些浮土变成易于压实的泥浆。蓄水池干涸了，就得重新蓄水。从哪儿蓄水，又如何蓄水？我觉得我隐约看到问题的答案了。

我极其小心地整个儿地挖开了几个地洞，发现洞底小屋壁上嵌着一根生命力很强的树根须须，大小有的如铅笔粗细，有的如麦秸秆一般。露出来的树根须须短小，只有几毫米。根须的其余部分全都植于周围的土里。这种液汁泉是偶然遇上的呢，还是幼虫特意寻找的？我倾向于后一种答案，因为至少当我小心挖掘蝉洞时，总能见到这么一种根须。

是这样的。要挖洞筑室的蝉，在开始为未来的地道下手之前，总要在一个新鲜小树根的近旁寻觅一番。它把一点根须刨出来，嵌于洞壁，而又不让根须突出壁外。这墙壁上有生命的地点，我想就是液汁泉，幼虫尿袋在需要时就可以从那儿得到补充。如果由于用干土和泥而把尿袋用光了，幼虫矿工便下到自己的小屋里去，把吸管插进根须，从那取之不尽的水桶里吸足了水。尿袋灌满之后，它便重新爬上去，继续干活儿，把硬土弄湿，用爪子拍打，再把身边的泥浆拍实、压紧、抹平，畅通无阻的通道便做成了。情况大概就是这样的。虽然没法直接观察到，而且也不可能跑到地洞里去观察，但是逻辑推理和种种情况都证实了这一结论。

如果没有根须那个大水桶，而幼虫体内的蓄水池又干涸了，那会怎么样呢？下面这个实验会告诉我们的。我把一只正从地下爬出来的幼虫捉住了，把它放进一个试管的底部，用松松地堆积起来的一试管干土把它埋起来。这个土柱子高一分米半。这只幼虫刚刚离开的那个地洞比试管长出三倍，虽说是同样的土质，但洞里的土要比试管里的土密实得多。幼虫现在被埋在我那短小的粉状土柱子里，它能重新爬到外面来吗？如果它努力挖的话，肯定是能爬出来的。对于一个刚从硬土地中挖洞的幼虫来说，一个不坚固的障碍能在话下吗？

然而我却有所怀疑。为了最后顶开把它与外界隔开的那道屏障，幼虫已经把最后储备的液体消耗光了。它的尿袋干了，没有活的根须它就毫无办法再把尿袋灌满。我怀疑它无法成功是不无道理的。果不其然，三天后，我看到被埋着的幼虫耗尽了体力，终未能爬上一拇指高。浮土被扒动过，因无黏合剂而无法当场黏合，无法固定不动，刚一拨弄开，便又塌下来，回到幼虫爪下。老这么挖、扒，总也不见大的成效，总是在做无用功。第四天，幼虫便死了。

如果幼虫的尿袋是满的，结果就大不相同。我用一只刚开始准备蜕变的幼虫进行了同样的实验。它的尿袋鼓鼓的，在往外渗，身子全湿了。对于它来说，这活儿是小菜一碟。松松的土几乎毫无阻力。幼虫稍稍用尿袋的液体润湿，便把土和成了泥浆，黏合起来，再把它们抹开、抹平。地道通了，但不很规则，这倒不假，随着幼虫不断往上爬，它身后几乎给堵上了。看起来好像是幼虫知道自己无法补充水，因而为了尽快地摆脱一个它很陌生的环境而节约自己身上那仅有的一点液体，不到万不得已绝不动用。就这么精打细算的，十来天之后，它终于爬到了外面来。

出洞口捅开之后，大张着嘴待在那儿，宛如被粗钻头钻出的一个孔。幼虫爬出洞来后，在附近徘徊一阵，寻找一个空中支点，诸如细荆条、百里香丛、禾蒿秆儿、灌木枝杈什么的。一旦找到之后，它便爬上去，用前爪牢牢地抓住，脑袋昂着。如果树枝有地方的话，其余的爪子也撑在上面；如果树枝很小，没多少地方，两只前爪钩住就足够了。然后便休息片刻，让悬着的爪臂变硬，成为牢不可破的支撑点。这时候，中胸从背部裂开来。蝉从壳中蜕变而出，前后将近半个小时的工夫。蝉从壳中蜕变出来后，与先前的模样儿大相径庭！双翼湿润、沉重、透明，上面有一条条的浅绿色脉络；胸部略呈褐色；身体的其余部分呈浅绿色，有一处处的白斑。这脆弱的小生命需要长时间地沐浴在空气和阳光之中，以强壮身体，改变体色。将近两个小时过去了，却未见有明显的变化。它只是用前爪钩住旧皮囊，稍有点微风吹来，它就飘荡起来，始终是那么脆弱，始终是那么绿。最后，体色终于变深了，越来越黑，终于完成了体色改变的过程。这一过程用了半个小时。蝉儿上午 9 点悬在树枝上，到 12 点半的时候，我看着它飞走了。

旧壳除了背部的那条裂缝以外，并无破损，并且牢牢地挂在那根树枝上，晚秋的风雨也都没能把它吹落或打下。常常可以看到有的蝉壳一挂就是好几个月，甚至整个冬天都挂在那儿，姿态仍旧与幼虫蜕变时一模一样。旧壳质地坚固，硬如干羊皮，如同蝉儿的替身似的久久地待在那儿。

啊！如果我把我的那些农民乡邻所说的全都信以为真的话，有关蝉儿的故事我可有不少好听的。我就只讲一个他们讲给我听的故事吧，只讲一个。

你受肾衰之苦吗？你因水肿而走路晃晃悠悠的吗？你需要治它的特效药吗？农村的偏方在对待这种病上有特效，那就是用蝉来治。把蝉的成虫在夏天里收集起来，穿成一串，在太阳地里晒干，然后好生地藏在衣橱角落里。如果一个家庭主妇7月里忘了把蝉穿起来晒干收藏，那她会觉得自己太粗心大意了。

你是否肾脏突然有点炎症，尿尿有点不畅？赶快用蝉熬汤药吧。据说没什么比这更有效了。以前，我不知哪儿有点不舒服，一个热心肠的人就让我喝过这种汤药，我起先不知道，是事后别人告诉我的。我很感谢这位热心者，但我对这种偏方深表怀疑。令我惊诧不已的是，阿那扎巴①的老医生迪约斯科里德也建议用此偏方，他说："蝉，干嚼吃下，能治膀胱痛。"从佛塞②来的希腊人把蝉和橄榄树、无花果树、葡萄等展示给普罗旺斯的农民。自那遥远年代起，普罗旺斯的农民便把这宝贵的药材奉若至宝。只有一点有所变化：迪约斯科里德建议把蝉烤着吃；现在，大家把蝉用来煨汤，作为煎剂。

说此偏方可以利尿，纯属幼稚天真。我们这儿人人皆知，谁

---

① 阿那扎巴：小亚细亚的一座古城，迪约斯科里德的故乡。
② 佛塞：小亚细亚的一座古城，公元前7世纪时的商业重镇。

要想抓蝉，它就立即向谁脸上撒尿，然后飞走。因此，它告诉了我们其排尿的功能，以致迪约斯科里德及其同时代的人便以此为据，而我们普罗旺斯的农民至今仍这么认为。

啊，善良的人们！如果你们获知蝉的幼虫能用尿和泥来建自己的气象站的话，那你们又会怎么想呢！拉伯雷描写道，卡冈都亚 [①] 坐在巴黎圣母院的钟楼上，从自己巨大的膀胱里往外尿尿，把巴黎成百上千的闲散的人淹死，还不包括妇女和儿童，否则人数会更多。你们知道这个故事后，也会信以为真吗？

[①] 卡冈都亚：法国 16 世纪著名作家拉伯雷的《巨人传》中的主人公。

螳螂捕食

　　还有一种南方的昆虫，其令人感兴趣的程度至少与蝉一样，但声名却远不及后者，因为它总是悄无声息。如果上苍赐予它一个深得人心的第一要素的音钹的话，凭着它奇特的形体与习性，它准能让著名歌手蝉的声誉黯然失色。这里的人们称它为"祷上帝"，学名则叫螳螂，拉丁文名为"修女袍"①。

　　科学的术语与农民朴素的词汇在这儿是相互吻合的，都是把这种奇特的生物看成是一个传达神谕的女预言家，一个沉湎于神秘信仰的苦修女。这种比喻由来已久。古希腊人早就把这种昆虫称为"占卜者""先知"。庄户人在比喻方面也是乐行其事的，他们对外表上所见之模糊材料大加补充。他们看见在烈日烤炙的草地上有一只仪态万方的昆虫半昂着身子庄严地立着。只见它那宽阔薄透的绿翼像亚麻长裙似的掩在身后，两只前腿，可以说是两只胳膊，伸向天空，一副祈祷的架势。只这些足矣，剩下的由百

---

① "修女袍"系拉丁文直译名，因其长长的膜翅似修女长袍而得名。法国昆虫学界也以此名冠以这种昆虫。

姓们的想象去完成。于是乎，自远古以来，荆棘丛中就住满了这些传达神谕的女预言者、向上苍祷告的苦修女了。

啊，天真幼稚的好心人们，你们犯了多么大的错误呀！它的种种祈祷似的神态掩藏着许多残忍习性；那两只祈求的臂膀是可怕的劫掠工具：它并不捻动念珠，而是要结果一切从旁经过的猎物。人们怎么也没想到螳螂竟然是直翅目食草昆虫中的一个例外，它专门吃活食。它是威胁昆虫界和平的老虎，是埋伏着捕捉新鲜肉食的妖魔。可想而知，它力大无穷，又嗜肉成性，外加它那完美而可怕的捕捉器，使它可能成为野地上的一霸。"祷上帝"可能变成了凶神恶煞般的刽子手。

如果不提它那置人死地的工具，螳螂其实没有什么可以让人担惊受怕的。它甚至不乏其典雅优美，因为它体形矫健，上衣雅致，体色淡绿，薄翼修长。它没有张开如剪刀般的凶残大颚，相反却小嘴尖尖，好像生就是用来啄食的。借助从前胸伸出的柔软脖颈，它的头可以转动，左右旋转，俯仰自如。昆虫之中，唯有螳螂移动目光，可以观察，可以打量，几乎还带面部表情。

它整个身躯一副安详状，同极其准确地被誉为杀人机器的前爪相比起来，反差极大。它的腰肢特别的长而有力，其功用就是向前伸出狼夹子，不是坐等送死鬼，而是去捕捉猎物。捕捉器稍有点装饰，颇为漂亮。腰肢内侧饰有一个美丽的黑圆点，中心有白斑，圆点周围有几排细珍珠点作为陪衬。

它的大腿更加长，宛如扁平的纺锤，前半段内侧有两行尖利的齿刺。里面一行有十二颗长短相间的齿刺，长的黑色，短的绿色。这种长短齿刺相间增加了啮合点，使利器更加锋利有效。外面的一行简单得多，只有四颗齿刺。两行齿刺末端有三颗最长的。总之，大腿是一把双排平行刃口的钢锯，其间隔着一条细槽，小腿屈起可放入其间。

小腿与大腿有关节相连，伸屈非常灵活，它也是一把双排刃口钢锯，齿刺比大腿上的钢锯短些，但数量更多更密。末端有一硬钩，其尖利可与最好的钢针媲美，钩下有一小槽，槽两侧是双刃弯刀或修枝剪。

　　这硬钩是高精度的穿刺切割工具，让我一看到就觉得后怕。我在捉螳螂时，不知有多少回被我一把抓住的这家伙给钩住，我腾不出手来，只好求别人帮我摆脱这个顽固的俘虏！谁要是想不先把刺入肉中的硬钩弄出来就硬拽开螳螂，那他的手肯定会像被玫瑰花刺儿扎了一样，出现道道伤疤。昆虫中没有谁比它更难对付了。这家伙用修枝剪挠你，用尖钩划你，用钳子夹你，让你几乎无还手之力，除非你用拇指捏碎它，结束战斗，那样的话，你也就抓不着活的了。

　　螳螂在休息时，捕捉器折起来，举于胸前，看上去并不伤害别人，一副在祈祷的架势。但是，一旦猎物突然出现，它就立刻收起它那副祈祷姿态。捕捉器的那三段长构件突地伸展开，末端伸到最远处，抓住猎物后便收回来，把猎物送到两把钢锯之间。老虎钳宛如手臂内弯似的，夹紧猎物，这就算是大功告成了。蝗虫、蚱蜢或其他更厉害的昆虫，一旦夹在那四排尖齿交错之中，便小命呜呼了。无论它如何拼命挣扎，又扭又蹬，螳螂那可怕的凶器都是死咬住不放的。

　　对螳螂的习性进行系统研究的话，必须要在家中饲养，在野外无拘无束的情况下是研究不了的。饲养它并不困难，因为只要有好吃好喝的伺候，它并不在乎被囚在钟形罩中。我们得每天给它精美食物，天天换样儿，那它就不怎么会因失去荆棘丛而感觉遗憾了。

　　我准备了十来只宽大的金属网罩，用来关押我的囚徒，同饭桌上罩饭菜防苍蝇的网罩一样。每一个罩子都扣在一个装满沙子的瓦罐上。笼里放着一束干百里香、一块为将来产卵用的平石头，这就是它的全部家当。这一座座的小屋排放在我动物实验室的大桌子上，那儿白天大部分时间日照充足。我把我的俘虏们关在笼子里，有的单独囚禁，有的集体关押。

我是8月下旬开始在路边干草堆中和荆棘丛里看到成年螳螂的。肚子已经很大了的雌性螳螂日见增多。而它们瘦弱的雄性伴侣却比较少见，我有时得花很大的劲儿才能给我的那些雌性俘虏配对，因为囚笼中那些雄性小个子经常被悲惨地吃掉。这种惨剧我们先按下不表，先来说说那些雌性螳螂。

雌性螳螂饭量极大，喂养时间长达数月，所以食物的维系并非易事。几乎必须每天更换食物，而大部分都是被它们稍微尝上几口便不屑地弃之不食了。我敢相信，螳螂在它们出生的荆棘丛中，要更注意节约些。由于猎物不充足，它们会把到手的食物吃干净为止，可在我的笼子里，它们就大手大脚的了，常常是咬上几口之后，便把那鲜美的食物撇下不吃了。它们似乎在以这种方式排遣囚禁之烦恼吧。

为了对付这种奢侈浪费，我必须寻找援助了。附近两三个无所事事的小家伙在我的面包片和甜瓜块的引诱下，每天早上和晚上都跑到周围的草丛中去摆放用芦苇编成的小笼子，提回来的小笼子里面装着活蹦乱跳的蝗虫、蚱蜢。而我也没闲着，手拿网子，每天在围墙周围转悠，企盼能为我的住客们弄点鲜美猎物。

这些美味食物是我想用来了解螳螂的胆量和力气到底有多大的。在这些美味之中，大灰蝗虫个头儿要比吃它的螳螂大得多；白额螽斯的大颚有力，我们的指头都怕被它咬伤；蚱蜢怪模怪样，扣着金字塔形的帽子；葡萄树距螽的音钹嘎嘎响，圆乎乎的肚腹上还长有一把大刀。除了这些难以下嘴的野味外，还有两种可怕的猎物：一个是圆网蛛，肚子似圆盘，带有彩花边饰，大小如一枚二十苏^①的硬币；另一个是冠冕蛛，形象凶恶，鼓腹腆肚，令人望而生畏。

当我看到笼子里的螳螂一见到面前的各种猎物便勇猛地冲上前去的劲头儿，我便毫不怀疑它们在野地里遇见类似对手时也一定是毫不畏缩的。如同在我的金属网罩中尽享我慷慨奉上的美味一样，在荆棘丛中，它必定是毫不客气地享用偶然送上门来的肥美猎物的。对大猎物的这种捕猎充满危险，它绝不是心血来潮之举，应该是它习以为常的事。然而，这种捕猎似乎并不多见，因为机会不多，也许这是螳螂的一大憾事。

各种各样的蝗虫，还有蝴蝶、蜻蜓、大苍蝇、蜜蜂以及其他中不溜儿的昆虫，都是它日常所能抓到的猎物。反正，在我的笼子里，大胆的女猎手在任何猎物前都没有退缩过。无论是灰蝗虫还是螽斯，也无论是圆网蛛还是冠冕蛛，迟早都逃不脱它的利爪，在它的锯齿内动弹不得，被它津津有味地嚼食。这种情形是值得讲述一下的。

一看见罩壁上傻乎乎靠近的大蝗虫，螳螂痉挛似的一颤，突然摆出吓人的姿态。电流击打也不会产生这么快的效应的。那转变是如此突然，样子是如此吓人，以致一个没有经验的观察者会立即犹豫起来，把手缩回来，生怕发生意外。即使像我这么习以为常的人，如果心不在焉的话，遇此情况也不免吓一大跳。这就像是突然从一个盒子里弹出一种吓人的东西——一种小魔怪似的。

它的鞘翅随即张开，斜拖在两侧；双翼整个儿展开，似两张平行的船帆一样立着，宛如脊背上竖起阔大的鸡冠；腹端蜷成曲棍状，先翘起来，然后放下，再突然一抖，放松下来，随即发出"噗、噗"的声响，宛如火鸡展翅时发出的声音，也像是突然受惊

---

① 苏：法国原辅币名，一法郎等于二十苏。

的游蛇吐芯子时的声响。它的身子傲岸地支在四条后腿上，上身几乎呈垂直状。原先收缩相互贴在胸前的劫持爪，现在完全张开，呈"十"字形挺出，露出装点着排排珍珠粒的腋窝，中间还露出一个白心黑圆点。这黑的圆点恍如孔雀尾羽上的斑点，再加上那些象牙质的纤细凸纹，是它战斗时的法宝，平时是密藏着的，只是在打斗时为了显得凶恶可怕，盛气凌人，才展露出来。

螳螂以这种奇特姿态一动不动地待着，目光死死地盯住大蝗虫，对方移动，它的脑袋也跟着稍稍转动。这种架势的目的是显而易见的：螳螂是想震慑、吓瘫强壮的猎物，如果后者没被吓破胆的话，后果将不堪设想。

它成功了吗？谁也搞不清楚螽斯那光亮的脑袋里或蝗虫那长脸后面在想些什么。它们那麻木的面罩上没有任何的惊恐呈现在我们的眼前。但是，可以肯定被威胁者是知道危险的存在的。它看见自己面前挺立着一个怪物，高举着双钩，准备扑下来；它感到自己面对着死亡，但还来得及时它却并没有逃走。它本是个长腿的蹦跳者，善于高跳，轻而易举地就能跳出对方利爪的范围，可它却偏偏傻乎乎地待在原地，甚至还慢慢地向对方靠近。

据说，小鸟见到蛇张开的大嘴会吓瘫，看见蛇的凶狠目光会动弹不得，任由对方吞食。许多时候，蝗虫差不多也是这么一种状态。现在它已落入对方威慑的范围。螳螂将两只大弯钩猛压下来，爪子一抓，双锯合拢、夹紧。不幸的蝗虫已无还手之力：它的大颚咬不着螳螂，后腿只是胡乱地蹬踢。它的小命休矣。螳螂收起它的战旗——翅膀，复现常态，开始美餐。

在抓获蚱蜢和距螽这种危险小于大灰蝗虫和螽斯的昆虫时，螳螂那魔怪般的姿态没有那么咄咄逼人，持续时间也没那么长。它只需将大弯钩一伸就解决问题了。对付蜘蛛也是如此，只需拦腰抓住对方，就用不着担心其毒钩了。对于其日常食物里不起眼的蝗虫，无论是在我笼子里的还是野地里的，螳螂都极少用它的震慑法子，只是一把抓住闯进它的势力范围的冒失鬼就完事了。

当要捕食的活物可能会进行顽强抵抗时，螳螂则不敢怠慢，要利用一种震慑、恫吓猎物的姿态，让自己的利钩有办法稳稳地钩住对方。随后，它的狼夹子便把吓傻了的无还手之力的受害者夹紧。它就是以这种迅猛的魔怪般的姿势把自己的猎物吓瘫了的。

在这种怪诞的姿势中，双翅起了很大的作用。螳螂的翅膀很宽大，外边缘呈绿色，其余部分系无色半透明的。纵向上有许多经翅脉，呈扇面状辐射开来。还有一些更细的、横向的翅脉，成直角地与纵向翅脉相切，与之形成无数的网眼。在呈魔怪姿态时，翅膀展开，立成两个平行的平面，几乎相互触及，犹如昼间休憩的蝴蝶的翅膀一样。两翅之间翘卷着的腹端突然剧烈抖动起来。肚腹摩擦翅脉，发出一种喘息声，我把它比作处于防御状态的游蛇吐芯子的声音。如果要模仿这种声响，只需用指尖快速擦过展开的翅膀的正面即可。

几天没吃食的螳螂，因饥饿难忍，能一下子把与它相同大小或比它个头儿大的灰蝗虫全部吃掉，只撇下其翅膀，因为翅膀太硬而无法消受。为了吃光这么个大猎物，两小时足够了。但这么狼吞虎咽的情况甚是罕见。我曾见到过一两次，我当时就一直纳闷儿，这个饕餮者是怎么找到地方存这么多食物的？容量小于容积的原理是怎么颠倒过来为螳螂服务的？我惊叹它的胃的高超特性，竟能让食物立即消化、溶解，穿肠而过。

在我的笼子里，蝗虫是螳螂的家常饭菜，大小不等，种类各异。看着它用劫持爪上的那对钳子夹住蝗虫蚕食着，实属一件趣事。虽然说它那尖尖小嘴似乎并不像是生就为大吃大喝所用的，可猎物却被它吃光了，只剩下双翅，而且，翅根上多少有点肉的地方也没有放过。爪子、硬皮全都穿肠而过。有时候，螳螂抓住一条肥硕的后大腿，送到嘴边，细细地品味着，一副心满意足的神态。蝗虫的肥硕大腿对它来说可能是上等好肉，犹如一块上好羊肉对我们而言一样。

蝗螂先从猎物的颈部下口。当一只劫持爪拦腰抓住猎物时，另一只则按住后者的头，使脖颈上方断裂开来。于是，蝗螂便把尖嘴从这失去护甲的地方插进去，锲而不舍地啃吃开来。猎物颈部裂开了大口。头部淋巴已遭破坏，蹬踢也就随之停止，猎物便成了一个没有知觉的尸体，蝗螂因而可以自由选择，想吃哪儿就吃哪儿了。

灰蝗虫

我刚刚看到一件激动人心的事：一只蝗虫在进行最后阶段的蜕皮，成虫从幼虫的壳套中钻了出来。情景壮观极了。我观察的是一只灰蝗虫，是蝗虫族类中的巨人，9月葡萄收获季节在葡萄树上常常见到它。它身体有一指长，所以比别的蝗虫观察起来方便得多。

幼虫肥胖难看，但已初具成虫的粗略模样，通常呈嫩绿色，但也有的是青绿色、淡黄色、红褐色，甚至有的已像成虫的那种灰色了。其前胸呈明显的流线型，并有圆齿，还有小的白点，多疣；后腿已像成年蝗虫一样粗壮有力，饰有红色纹路，而长长的上腿上长着双面锯齿。

鞘翅再过几天就将大大超过肚腹，但目前还只是两片不起眼的三角形小羽翼，上端贴在流线型前胸上，下端边缘往上翘起，呈尖形披檐状。鞘翅勉强能遮住裸体蝗虫背部，宛如西服的垂尾，因省料子而剪得不够长，显得十分难看。鞘翅遮盖着的是两条细长小带子，那是翅膀的胚芽，比鞘翅还要短小。

总之，那很快将成为灵巧漂亮的羽翼，尽管眼下还是两块为节省布料而剪得难看至极的破布头。从这堆破烂玩意儿里将有什么东西跑出来呢？是一对极其宽阔而美丽的翅膀。

咱们先仔细地观察一番事情的经过。幼虫感到自己已经成熟，可以蜕变之后，便用后爪和关节部位抓住网纱。而前腿则收回，交叉在胸前待命，以支持背朝下躺着的成虫翻过身来。鞘翅的鞘——三角形小翼成直角地张开其尖帆；那两条翅膀胚芽的细长小带子在暴露出的间隔处的中央竖起，并微微分开。这样，蜕皮的架势业已摆好，稳稳当当的。

首先必须让旧外套裂开。在前胸前端下部，由于反复一张一缩，推动力便产生了。在颈部前端，也许在要裂开的外壳掩盖下的全身都在进行着这种一张一缩的反复运动。关节部位薄膜细薄，可以让人一眼看到在这些裸露地方的张缩运动，但前胸中央部位因有护甲挡着就看不出来了。

蝗虫中央部位血液在一涌一退地流动着。血液涌上时宛如液压打桩机一般一下一下地撞击着。血液的这种撞击，机体集中精力产生的这种喷射，使得外皮终于沿着因生命的精确预见而准备好的一条阻力最小的细线裂开。裂缝沿着整个前胸的流线体张开，宛如从两个对称部分的焊接线裂开一样。外套的其他部分都无法挣开，只有在这个比其他部位都薄弱的中间地带裂开。裂缝稍稍往后延伸了一点，下到翅膀的连接处，然后再转到头部，直至触须底部，在此处分成左右两支。

背部从这个裂口显露出来，软软的，苍白的，稍稍带点灰色。背部在缓慢地拱起，越拱越大，终于全拱出来了。随后头也拱出来了。外壳被撇在原地，完好无损，但两只玻璃状的眼睛已什么也看不见了，样子极怪；触须的套子没有一丝皱纹，也未见任何异样，处于自然状态，垂在这张变成半透明的已无生气的脸上。

触须在从这么窄小又裹得如此紧的外壳中钻出来时并没有遇到任何阻力，所以外壳没有翻转过来，没有变形，连一点儿褶皱都没弄出来。触须的体积与外壳大小一样，而且同样是有节瘤的，可它却并未损坏外壳，却轻易地从中钻了出来，如同一个光滑直溜儿的物件从一个宽大无障碍的管子里滑落出来一般。后腿的伸出也一样轻而易举，且更令人震惊。

　　现在该是前腿，然后是关节部位摆脱臂铠和护手甲的时候了，但也未见有丝毫的撕裂，没有丝毫的褶皱，没有丝毫的自然位置的变异。此时蝗虫只用长长的后腿的爪子抓住网罩。它垂直悬吊着，头冲下，我一碰纱网，它就像钟摆似的摆动起来。它的悬吊支点是四个细小的弯钩。

　　如果这四个弯钩一松，没抓住，这只蝗虫就没命了，因为除了在空中以外，它的巨大翅膀在其他地方是张不开来的。但是，它们抓得牢牢的，因为在它们从外壳伸出来之前，生命就使它们变得坚硬牢固，能稳稳当当地承担起随后的从外壳中挣脱的使命。

　　现在鞘翅和翅膀在挣脱出来。那是四个窄小的破片，隐约可见一些条纹，状如被撕裂的小纸绳，顶多只有最终长度的四分之一。

　　它们软极了，支撑不了自身重量，耷拉在头朝下的身子两侧。翅膀末端无所依靠，本该冲着后部，但现在却冲着倒挂的蝗虫的头部。蝗虫未来飞行器官那副惨相如同原本肉乎乎的四片小叶子被暴风雨打得破败不堪的模样。

　　为了让自己臻于完善，必须进行一项深入细致的工作。这项机体内的工作甚至已经在充分地进行着，也就是把黏液凝固，让不成形的结构定型，但是，从外部丝毫看不出来其内部的这种神秘的实验。外面看上去，蝗虫似乎毫无生气。

　　这期间，后腿摆脱开来。粗大的大腿呈现出来，向内的一侧呈淡粉红色，但很快便变成了鲜艳的胭脂红。后腿出来很容易，把收缩的骨头一伸，道路便畅通无阻了。

但小腿就是另一码事了。当蝗虫成为成虫时，整条小腿上竖着两排坚硬锋利的小刺。另外，下部顶端有四个有力的弯钩。这是一把货真价实的锯，有两排平行的锯齿，极其粗壮有力，除了小一点以外，真可以与采石工人的大锯相媲美。幼虫的小腿结构相同，因此也是裹在有着同样装置的外套里。每个弯钩都嵌在一个同样的钩壳之中，每个锯齿都与另一个同样的锯齿相啮合，而且咬合得严丝合缝，即使用刷子刷上一层清漆来替代要蜕掉的外壳也不如它们贴得紧。

然而，胫骨的这把锯子从中蜕出来时却没有让紧贴着外壳的任何地方有一点点损伤。如果我没有一再地仔细观察，我是不敢相信的。被抛弃的小腿护甲完完整整，毫发未损。无论末端的弯钩还是双排锯齿都没有弄坏一点软嫩的外壳。那外壳细嫩得一口气都能把它吹破似的，但尖利的大耙在其间滑动却未留下一丝擦伤。

我远未想到会是这种情况。我看到那披着刺棘的铠甲时，我就以为小腿上的外壳会像死皮似的自己一块块脱落，或者被擦碰掉。但事实却远非如此，这大出我所料！

弯钩和刺棘毫不费力、没有一点阻碍地从薄膜里出来了，可它们却是能让小腿形同一把可锯断软木头的锯子的呀。脱下来的衣服靠在其爪状外皮，钩在网罩的圆顶上，无一丝一毫的褶皱和裂缝，用放大镜也没看到有什么硬擦伤。外壳蜕皮前后完全一模一样。那蜕下的护胫也同那条真腿一样，无丝毫的差异。

谁要是让我们把一把锯子从贴在其上的极薄的薄膜套里抽出来而又不对薄膜套有丝毫损伤，那我们必然哈哈大笑，因为这根本就办不到。但生命却嘲弄了这类的不可能。生命在必要时有办法实现荒诞的事情。蝗虫的爪子就告诉了我们这一点。

胫骨锯一出了套既然是如此的坚硬，那么不弄破紧紧地裹住它的套子它肯定是出不来的。但困难被它绕开来了，因为胫甲是它唯一的悬挂带，必须绝对完好无损，才能给它提供牢固的支撑直至它完全摆脱出来。

正在努力挣脱的腿还不是能够行走的肢体，它还没有达到随后不久的那种硬度。它非常软，极易弯曲。我对它的蜕皮部分做了实验，我把网罩倾斜，便会看到已经蜕皮部分因受重力影响，随我的意愿在弯曲。呈细小的带状弹性胶质也没什么弹性了。但是，它很快就硬了起来，只几分钟工夫，它便具有了所必需的硬度。

再往前些，在外套遮住我看不见的部分里，小腿肯定要软，处于一种极具弹性的状态，可以说是流体状的，这使得它几乎可以像液体似的从通道中流出来。

小腿上这时已经有锯齿了，但并不像它出来之后那么尖利。的确，我可以用小刀尖替小腿部分地剔去外壳，并拔除被模子紧裹着的小刺。这些小刺是锯齿的胚芽，是柔软的肉芽，稍加外力便会弯曲，外力一除又立刻恢复原状。

这些小刺向后仰倒以利蜕出，而随着小腿往外伸出，它们也在逐渐地竖起、变硬。我所观察着的不是单纯地把护腿套蜕去，露出在盔甲中已成形的胫骨，而是一种以其迅速而令我惊讶不已的诞生过程。

螯虾的钳子在蜕皮时把两只手指的嫩肉从硬如石头的旧套中挣脱出来，情况差不多也是这样，但细腻精确的程度却远不及蝗虫。

现在，小腿终于自由了。它们软软地折进大腿的骨沟里，一动不动地成熟起来。肚腹蜕皮了，它那件精细的外套出现了皱纹，在往上蜕去，直至顶端，只有这顶端还在壳内卡了一会儿，除此而外，蝗虫全身都已露在外面。

它垂直地吊挂着，头朝下，由现已空了的小腿护甲的钩爪钩住。蝗虫一动不动，后部由破烂衣衫固定着。它的肚子鼓胀得非常之大，看上去像是由储存的机体液汁撑起来的，翅膀和鞘翅很快就要动用这些液汁的。蝗虫在休息，在恢复元气，一直这么等了有二十分钟。

然后，只见它脊椎一着力，由倒悬成正挂，用前跗节抓牢挂在头上的旧壳。用脚钩在高空秋千上倒挂着的杂技演员为了正过身来，腰部也没有这么用力过。这么用力的一个翻转之后，其他的就不在话下了。

蝗虫依靠自己刚刚抓住了支撑物，便稍稍往上爬，碰到了罩子的网纱，这网纱恍若在野地里蜕变时所依托的灌木丛。它用四只前爪把自己固定在网纱上。这么一来肚腹末端就完全解脱了，然后又猛地最后一挣，旧壳便掉了下去。

旧壳的落下让我颇感兴趣，它使我想起了蝉衣是如何顽强坚毅地顶着凛冽寒风而未从挂住的小树枝上掉下去的。蝗虫的蜕变方式几乎与蝉一模一样。可蝗虫的悬挂点怎么会那么不牢固呢？

只要挺身动作没结束，弯钩就牢牢地钩住，而这个动作一做完，似乎全身的一切都动摇了，稍微一动便脱落下来。足见这时的平衡很不稳定，这就再一次显出蝗虫从外套中出来是何等精确无误啊。

我因为找不到更好的术语，所以便用了"挺身"一词，其实这并不完全贴切。"挺身"意味着猛烈，而这个动作中没有猛烈，因为平衡处于不稳定的状态，稍微一用力，蝗虫便会摔下来，一命呜呼，它就会干死在那儿，或者至少它的飞行器官因无法展开而将成为一堆破烂。蝗虫并不是硬挣出来的，它小心谨慎地从外套中滑动出来，仿佛有一根柔软的弹簧把它轻轻弹出。

我们再回头看看那些蜕皮之后表面上没有丝毫变化的鞘翅和翅膀吧。它们仍旧残缺不全，几乎像是上面有细竖条纹的小绳头。它们要等到幼虫完全蜕皮并恢复正常姿态之后才会展开。

我们刚才看到蝗虫翻转身子，头朝上了。这种翻身动作足以让鞘翅和翅膀回到正常位置。原先它们极其柔软地因自身重量而弯曲地垂着，自由的一端朝着倒置的头部。

此刻，它们仍旧因自身的重量而修正姿势，处于正常方向。已不再有弯曲的花瓣，颠倒的位置也调整过来，但这并没使它们那不起眼的外表有任何的改变。翅膀完全张开时呈扇形。一束轮辐状的粗壮翅脉横贯翅膀，成为可张可缩的翅膀构架。翅脉间，有无数横向排列的小支架层层叠起，使整个翅膀成为一个带矩形网眼的网络。鞘翅粗糙而过小，也是这种网络结构，但网眼是方块形的。

鞘翅和翅膀状若小绳头时，都看不出这种带网眼的组织来。上面仅仅是几条皱纹，几条弯曲的小沟，表明这些残废肢体是经精巧折叠使体积达到最小的织物构成的。

翅膀的展开是从肩部附近开始的。那儿一开始看不出有什么变化，但很快便现出一块半透明的纹区，有着清晰而美丽的网络。

渐渐地，这块纹区用一种连放大镜都观察不到的缓慢速度在一点点扩张，致使末端那胖得不成形状的东西在相应地缩小。在逐渐扩展和已经扩展的这两部分的相接处，我怎么看也看不出个所以然来：我什么也没看出来，如同我在一滴水中什么也看不出来一样。但是，少安毋躁，不一会儿那方块网络组织就非常清晰地显现出来了。

根据这初步观察，我们真的会以为一种可以组织成实物的液体突然凝固成带肋条的网络了；我们还会以为眼前的是一种晶体，因其突如其来，颇像显微镜载玻片上的溶化盐。其实并非如此，情况不会是这样的。生命在其创作中是没有这种突如其来的。

我折断一个发育了一半的翅膀，用大倍数的显微镜仔细观察。这一次，我满意了。似乎逐渐结网的两部分的交接处，这个网络实际上已预先存在着。我很清楚地辨别出其中的已经粗壮的竖翅脉；我还看见其中横向排着的支架，尽管它们确实还很苍白且不凸出。我成功地把末端的几块碎片展开来，找到了要找的一切。

这已经证实了。翅膀此刻并不是织布机上由电动梭子生产出来的一块布料，而是一块已经完全织成了的成品布料。它所欠缺的只是展开和刚性，无须费多少事了，这就像熨衣服时用熨斗一熨就成了。

三个多小时过后，鞘翅和翅膀就全部展开了。它们竖立在蝗虫背上，呈一张大帆状，忽而无色，忽而嫩绿，如同蝉翼一开始那样。联想到它们原先只像个不起眼的小包袱，如今展开得这么宽大，真令人拍案叫绝。这么多东西怎么在那小包袱里装下的呀！

小说中说过一粒大麻籽儿里装着一位公主的全套衣裳。而我们这儿所见的是另一粒更加惊人的籽儿。小说里的那粒大麻籽儿为了发芽不断地增长繁殖，最后用了多年的时间才长出办嫁妆所需的那么多大麻来，而蝗虫的这粒"籽儿"，短时间内便长出一对漂亮的大翅膀来了。

这个竖起四块平板来的绝妙大翅膀缓慢地坚硬起来，还增加了色彩。第二天，那颜色便已定型。翅膀第一次折合成一把扇子，贴在自己应在的地方；鞘翅则把外边缘弯成一道钩贴在体侧。蜕变完成了。大灰蝗虫只需在灿烂的阳光下就能使自己更加壮实，使自己的外衣晒成灰色。让它去享受自己的快乐吧，我们还是稍稍回头看看。

前面说过，在紧身甲顺着底部中线裂开后不久便从外套中出来的那四个残缺不全的东西，包含着有翅脉网络的鞘翅和翅膀，这网络谈不上完美无缺，但至少整体看来无数细部已经定型。为打开这寒碜的包袱，并让它变成美丽的翅膀，只需让起压力泵作用的机体把储存着为此刻而用的液汁注入已准备好的管道里面去即可，而这一时刻是最为辛劳的时刻。通过这个事先弄好的管道，一股细流便把翅膀给撑开了。

但是，仍旧包裹在外套里的这四片薄纱究竟是个什么情况呢？幼虫翅膀的镘刀、三角翼端是不是一些模具，按照它们那弯曲折叠的皱襞的模样，把包裹着的东西加工定型，从而编织出鞘翅和翅膀的网络来呢？

如果我们看到的不是个真正的模具，我们就可以稍许歇上一歇了。我们会想：用模具铸出来的东西跟凹模一样，这是很简单的。但是，我们脑子的歇息只是表面的，因为我们必然会想，模具那么复杂的结构也得有自己的出处呀！我们也别追得那么深。对我们来说，这一切可能都是两眼一抹黑的。我们就局限在所观察到的情况就行了。

我把一只已成熟要蜕变的幼虫的一个翼端放在放大镜下仔细观察。

我看到上面有一束呈扇形辐射开来的粗壮翅脉。在其间，夹杂着另外一些苍白而细小的翅脉。最后，还有许多很短的横线，更加细微，弯成人字形，补足了这个组织。

这就是未来鞘翅的简略雏形。它与成熟了的鞘翅真是天壤之别！与似建筑物梁木的翅脉的辐射状布局完全不一样；由横翅脉构成的网络丝毫不像未来的复杂结构。粗略雏形发展出极其复杂的结构，在粗糙的基础上臻于完善。翅膀的翼及其结果，即最终的翅膀也同样是这种情况。当准备状态和最终状态都呈现在眼前时，结论就一目了然了：幼虫的小翼并不是按其模样加工材料并按照其凹模来制造鞘翅的简单模具。

不是这样的。所期待的包裹状薄膜还没在这个雏形当中，这个包裹一旦打开，其组织之大，之极其复杂将令我们惊讶不已。或者更确切地说，这个包裹状薄膜就在雏形中，但却处于潜在状态。在成为真正的实物之前，它只是个虚拟形态，但可以变成实物。它存在于雏形之中，就比如橡树就存在于橡栗之中一样。

翅膀的锼刀和鞘翅的翼端没有固定着的边缘为一圈半透明的小肉球所包围。经高倍放大镜放大之后，可以看见其中有几个似有似无的未来锯齿的雏形。这很可能是生命将使其物质运动的工地。没有任何可以看得出来的东西使人感觉到那个神奇的网络的存在，我们感觉不到这个网络的每一个网眼都将会有自己明确的形状及其精确的位置。

因此，能使这种可以组织起来的材料具有薄纱状，并让脉序构成一个难以绕出的迷宫，势必有比模具更巧妙更高级的结构，势必有一张标准的平面图，有一个让每一个原子进入规定位置的理想的施工说明书。在材料动起来之前，外形已经明确地勾勒出来，供塑性液体流动的管道也已经铺设好了。我们建筑物的砾石已按照建筑师思考好的施工说明书码放好了；它们先按设想的码放，然后便真正地垒砌起来。

同样，蝗虫翅膀——这个从不起眼的外套中挣脱出来的美丽的花边薄翼，让我们知道了有另一位建筑师，它画出了一些平面图，生命则按它们去建造。

生物的诞生方式多种多样，有比蝗虫的诞生更让人惊叹不已的，但是，那都是在不知不觉中进行的，被时间这巨大的帷幕遮盖住了。如果我们不具备持之以恒的精神，那神秘缓慢的进程就会让我们看不到最激动人心的场面。而蝗虫的蜕变却不一样，快得出奇，所以必须全神贯注，即使你在犹豫也不能放松警惕。

谁要是想看一看生命以多么不可思议的灵巧在工作而又不想枯燥乏味地等候的话，那就去看葡萄树上的大蝗虫好了。种子发芽，叶子舒展，花朵绽放都极其缓慢，我们的好奇心难以得到满足，但葡萄树上的大蝗虫可以代替之，以了却我们的心愿。我们无法看到小草的缓慢生长，但我们却能十分清楚地观察到蝗虫的鞘翅和翅膀的蜕变过程。

看到这个大麻籽儿几个小时就变成了一张漂亮的大帆，真让人惊得目瞪口呆。啊！生命在编织蝗虫的翅膀，真不愧是个能工巧匠，而蝗虫只是那些微不足道的昆虫中的一种而已。老博物学家普林尼谈到它时说道："葡萄树蝗虫在这个刚向我们指出的不为人知的角落，显示出它是多么强大，多么聪慧，多么完美！"

我听说有一位博学的研究者，他认为生命只不过是物理力和化学力的一种冲突而已，他苦思冥想，希望有一天以人工的方法能获得那种可加以组织的材料，亦即行话所说的"原生质"。如果我有这种能力，我会急于满足这位雄心勃勃的人的。

喏，就这样，你准备好了各种各样的原生质。经过深思熟虑、深入研究、耐心细致、谨慎小心，你的愿望实现了，你从你的实验仪器中提取了一种易于腐败、过几天就发臭的蛋白质黏液。总之，是一种脏得很的玩意儿。你将如何处置你的产品？

你将把它组织起来吗？你将给它以活的建筑结构吗？你将用一种注射器把它注入两片不会搏动的薄片中间去，以获取哪怕是一只小飞虫的翅膀？

蝗虫几乎就是按这种方法干的。它把它的原生质注入小翅膀的两个胚层之间，材料也就在其间变成了鞘翅，因为它在那儿有我们前面所说的原型作为指引。它在自己行程的迷宫中按照先于它存在在那儿并且已制定好的施工说明书行动。

这种对形状进行协调的原型，这个事先存在的调节物，你的注射器里有吗？没有。所以说，你就把你的产品扔掉了吧。生命是绝不会从这种化学垃圾中迸发出来的。

绿蚱蜢

现在已是 7 月中了，按照气象学，三伏天刚刚开始，但实际上，酷热赶在日历的前头到来，几个星期以来，简直是酷热难当。

今晚，村子里在举行庆祝国庆的晚会。村童们正围着一堆旺火在欢蹦乱跳，我影影绰绰地看到火光映到教堂的钟楼上面，"嘭啪嘭啪"的鼓声伴随着"钻天猴"烟火的"唰唰"声响，这时候，我独自一人在晚上 9 点钟光景，在那习习凉风中，躲在暗处，侧耳细听田野间那欢快的音乐会。这是庆丰收的音乐会，比此时此刻在村中广场上那烟花、篝火、纸灯笼，尤其是劣质烧酒组成的节日晚会更加庄严壮丽，它虽简朴但美丽，虽恬静但具有威力。

夜已深了，蝉鸣声止。整个白昼，它们饱尝阳光和炎热，尽情欢唱不止，而夜晚来临，它们要歇息了，但是它们却常常被搅扰得无法休息。在梧桐树那浓密的枝杈中，突然会传来一声如哀鸣般的闷响，短促而凄厉。这是被绿蚱蜢突然袭击所惊扰的蝉的绝望哀号。绿蚱蜢是夜间凶猛凌厉的猎手，它向蝉扑去，拦腰将蝉抱住，把它开膛破肚，掏心取肺。欢歌曼舞之后，竟是杀戮。

在我的住处附近，绿蚱蜢似乎并不多见。去年，我计划着研究研究这种昆虫，但是一直没有找到过它，只好恳求一位看林人帮忙，他终于帮我从拉加尔德高原弄到两对绿蚱蜢。那里是严寒地区，山毛榉现在正开始往旺杜峰长上去。

好运总是要先捉弄一番，然后才向着坚忍不拔者微笑的。去年久寻不见的绿蚱蜢，今夏已经几乎是随处可见了。我用不着走出我那狭小的园子，就能捉到它们，想要捉多少就有多少。每天晚上，我都听见它们在茂密的树林草丛中鸣叫。我得把握好这个好时机，机不可失，时不再来。

自 6 月份起，我便把我所捉到的足够多的一对对绿蚱蜢关进一只金属网钟形罩中，下面是一只瓦罐，铺了一层沙子作底。这漂亮的昆虫简直棒极了，全身淡绿色，身体两侧有两条淡白色的饰带。它体形优美，身轻体健，一对罗纱大翅膀，是蝗虫科昆虫中最优雅美丽的。我因捉到这样的一些俘虏而扬扬自得。它们将会告诉我些什么呀？等着瞧吧。眼下必须把它们喂养好。

我给这帮囚徒喂莴苣叶。它们果然在啃咬，但是吃得极少，而且不屑吃的样子。我很快就弄明白了：我养的是一些不太甘愿吃素的家伙。它们需要别的，看上去是想捕捉活食。但到底是哪种活食呢？一个偶然的机会碰巧让我知道了是什么。

破晓时分，我在门前溜达，突然旁边一棵梧桐树上掉下点什么东西，还吱吱地在叫。我赶忙跑上前去。是一只蚱蜢在掏空被它抓住的一只蝉的肚腹。蝉徒劳地鸣叫、挣扎，蚱蜢始终紧咬住不放，把脑袋深扎进蝉的内脏中，一小口一小口地撕拽出来。

我明白了：蚱蜢是一大早在树的高处趁蝉歇息时发动袭击的，受袭的被活活开膛的蝉猛然一惊，随即进攻者和被袭者扭成一团跌落下来。那次以后，我曾多次看到类似的屠杀场面。

　　我甚至见到过胆量过人的蚱蜢蹿起追扑晕头转向乱飞逃命的蝉，犹如在高空中追逐云雀的苍鹰。与胆量过人的蚱蜢相比，猛禽略逊一筹。苍鹰是专攻比自己弱小的动物，而蝗虫类则相反，攻击比自己个头儿大得多、强壮得多的庞然大物，而这场个头儿相差许多的肉搏结果是小个头儿必赢无疑。蚱蜢有极强的下颚和利爪，很少不把对手开膛破肚的，而后者因没有武器，只有哀号和挣扎的份儿了。

　　要紧的是要把猎物攫住，这倒并不难，趁夜间猎物打盹儿的工夫下手即可。凡是被夜巡的凶猛的蚱蜢撞上的蝉都难免惨死。这就可以理解了，为什么夜阑人静、蝉声停叫之时，有时会突然听见树冠中传出吱吱的惨叫声。那是身着淡绿色衣服的强盗刚刚捉住一只入睡了的蝉。

　　我找到我的食客们所需之食物了，我就用蝉来喂养它们。这道菜非常合它们胃口，所以两三个星期的工夫，我那笼子里就一片狼藉，蝉脑袋、空胸壳、断翅膀、断肢碎爪，无处不在。只有肚子几乎整个儿地不见了。肚腹是块好肉，虽然营养成分不高，但看来味道很好。

　　确实，蝉腹中的嗉囊里积存着糖浆，那是蝉用自己的小钻从嫩树皮里汲出来的香甜液汁。是否就因为这种蜜饯的缘故，蝉的肚腹才成为猎人的首选？这很有可能。

　　为了使食谱多样化，我其实还专门喂它们一些香甜的水果，比如梨片、葡萄、甜瓜片等。这些水果它们全都很爱吃。绿蚱蜢就像英国人：它非常喜欢浇上果酱的牛排。也许这就是为什么它一抓住蝉就开膛破肚的缘故：肚子里装着裹着果酱的鲜美肉食。

　　并非在任何地方都可以吃到这种甜蝉美味的。在北方地区，绿蚱蜢遍地皆是，它们不可能找得到它们在我们这儿所热衷的这种美食。它们大概还有别的吃食。

为了弄清楚这个问题，我给它们喂细毛鳃角金龟，这是一种夏季鳃角金龟，与春季鳃角金龟相同。这种鞘翅昆虫一扔进笼里，绿蚱蜢们便毫不迟疑地扑上去了，吃得只剩下鞘翅、脑袋和爪子。我又投进去漂亮而肉肥的松树鳃角金龟，结果也一样，第二天我发现它被那帮凶神恶煞给开膛破肚了。

这些例子已足以说明问题了。这证明蚱蜢是个嗜食昆虫者，尤其爱吃没有过硬甲胄保护的那些昆虫；这还证明它们特别喜欢肉食，但又像螳螂那样只吃自己捕获的猎物。这个蝉的刽子手还知道肉食热量太高，须用素食加以调剂。吃完肉喝完血之后，还要来点水果什么的，有时候，实在没有水果，来点草吃吃也是可以的。

然而，同类相残仍然存在。其实我还从未看到我笼中的飞蝗像螳螂那样的野蛮行径，后者经常拿自己的情敌开刀，吞食自己的情侣。不过，假若笼中某个体弱的飞蝗倒下，幸存者们会像对待一般猎物那样毫不迟疑地扑上去的。它们并不是因为食物匮乏才以死去的同伴充饥的。不管怎么说，凡是身有佩刀的昆虫都不同程度地有以伤残同伴为食的癖好。

除了这一点以外，我笼子里的飞蝗们倒是和平共处。它们彼此之间从未发生过狠打狠斗，顶多也就是因食物而稍许争抢一番而已。我刚扔进笼子里一片梨，一只飞蝗便立即霸占上了。因为怕别人来争抢，它就踢腿蹬脚，不让别人过来抢它的美食。自私自利无处不在。它吃饱了，就把位子让给别人，后者随即也霸道地占着梨片。笼中的食客就这么一个一个地飞上去霸占一番。吃饱喝足之后，大家便用大颚尖挠挠脚掌，用爪子蘸点唾沫擦擦额头和眼睛，然后便用爪子抓住网纱或躺在沙地上，做沉思状，悠然自得地消食。它们白天的大部分时间都睡大觉，尤其是天气炎热时，更是如此。

到了日落西山、夜幕降临时，这帮家伙劲头儿便上来了。9点钟光景，闹腾得最欢，忽而猛地冲上圆顶高处，忽而又兴冲冲地下来，一会儿再冲上去。大家吵嚷着来来去去，在环形道上跑跑跳跳，遇上好吃的便咬上两口，一刻也不停下来。

雄性绿蚱蜢待在一旁，用触须挑逗路过的雌性。未来的母亲们庄重严肃地踱着步，佩刀半抬着。对于那些猴急的狂热雄性来说，现在的大事就是交配。有经验者一看就知道它们想干什么。

这也是我所观察的主要内容。我的愿望得以满足，但并不是完全满足，因为下面的好事拖得太晚，我没能看到最后那一幕。那最后的一幕要拖到深夜或者凌晨。

我所看到的那一点点只局限于没完没了的序幕那一段。热恋的情侣面对面，几乎头碰头地用各自的柔软触角彼此触摸，互相试探。它们仿佛两个用花剑互击来互击去以示友好的对手。雄性不时地鸣叫几声，用琴弓拉上几下，然后便寂然无声，也许是因为过于激动而没继续拉下去。11点了，求爱仍未结束。我实在是困得不行，颇为遗憾地撇下了这对情侣。

第二天早晨，雌性产卵管根部下方吊挂着一个奇特的玩意儿，是装着精子的口袋，宛如一只乳白色的小灯泡，大小如天平砝码，隐约地分成数量不多的长圆形囊泡。当雌性绿蚱蜢走动时，那小灯泡擦着地，粘上一些沙粒。然后，它拿这个受孕的小灯泡当作盛筵，慢慢地将其中的东西吸尽，再咬住干薄皮囊，久久地反复咀嚼，最后再全部吞咽下去。不到半天工夫，那乳白色的赘物消失了，连渣渣末末都全被它美滋滋地吃光了。

这种难以想象的盛筵似乎是从外星球传入的，因为它与地球上的筵席习惯大相径庭。蝗虫科昆虫真是个奇特的世界，它们是陆地动物中最古老的一种，而且如同蜈蚣和头足纲昆虫一样，是将古代习性沿用至今的一个代表。

大孔雀蝶

　　这是一个难忘的晚会。我将把它称作大孔雀蝶晚会。谁不认识这美丽的蝴蝶？它是欧洲最大的蝴蝶，穿着栗色天鹅绒外衣，系着白色皮毛领带。翅膀上满是灰白相间的斑点，一条淡白色"之"字形线条穿过其间，线条周边呈烟灰白，翅膀中央有一个圆形斑点，宛如一只黑色的大眼睛，瞳仁中闪烁着黑色、白色、栗色、鸡冠花红色的呈彩虹状的变幻莫测的色彩。

　　它体色模糊泛黄的毛虫也同样美丽。它那稀疏地环绕着一圈黑纤毛的体节末端，镶嵌着青绿色的珍珠。它那粗壮的褐色茧形状极其奇特，口部状如渔民的捕鱼篓，通常紧贴在老巴旦杏树根部的树皮上。这种树的树叶是其毛虫的美味食物。

　　5月6日那天早上，一只雌性大孔雀蝶在我面前的实验室桌子上破茧而出。它因孵化时的潮湿而浑身湿漉漉的，我立即用金属网罩把它罩了起来。我这也是灵机一动才这么做的，因为我还没有做出针对它的特殊安排。我只是凭着观察者的简单习惯，把它关了起来，时刻密切注意可能会出现的情况。

　　我很有运气。晚上9点钟光景，全家人都躺下睡觉了，我隔壁房间乱糟糟的一阵响动。小保尔没怎么穿衣服，来回走动，又蹦又跳，跺脚踢物，弄翻椅子，简直像疯了似的。"快来呀，"他在大声喊叫，"快来看这些蝴蝶呀，像鸟儿一样大！房间里都飞满了！"

我赶忙奔过去。一看，怪不得孩子会那么兴奋，那么乱喊乱叫。那是从未发生过的擅闯民宅行为——是巨大的蝴蝶的入侵。有四只已经被抓住，关进了麻雀笼里。还有大量的在天花板上飞来飞去。

见此情景，我立刻想起了早晨被我关起来的那只雌性大孔雀蝶来。"快穿上衣服，孩子，"我对儿子说，"把你的笼子放那儿，跟我走。咱们去看看稀罕玩意儿。"

我们在往下走，来到住宅右翼我的实验室。在厨房里时，我碰见保姆，她也被眼前发生的事弄得惊愕不已。她在用她的围裙驱赶一些大蝴蝶，一开始她还以为是蝙蝠呢。

看起来，大孔雀蝶已经差不多把我的住宅全都占据了。这肯定是那只被囚女囚引来的，它周围的那方天地会成什么样儿呀！幸好，实验室的两扇窗户有一扇是开着的，道路通畅。

我们手里拿着一支蜡烛，冲进了房间。我们对第一眼所见的景象简直是终生难忘。一群大蝴蝶轻拍着翅膀，围着钟形罩飞舞，落在罩子上，忽而又飞走，然后又飞回来，再飞向天花板，继而又飞下来。它们扑向蜡烛，翅膀一扇，蜡烛灭了。它们又扑向我们肩头，钩住我们的衣服，轻擦着我们的面孔。

这屋子简直成了一个巫师招魂的秘窟，成群的"蝙蝠"在飞舞。为了壮胆，小保尔紧攥住我的手，比平时用力得多。

它们有多少只呢？将近二十来只。再加上误入厨房、孩子们的卧室和其他房间的，总数将近四十来只。我要说，这是一次难忘的晚会，一次大孔雀蝶的晚会。它们不知是如何得知了消息，从四面八方赶来。其实，那是四十来个情人，急不可耐地赶来向今晨在我实验室的神秘氛围中诞生的女子致意的。

今天，我们就别再多打扰这一大群追求者了。蜡烛的火焰伤着了这群来访者，它们冒冒失失地向火上扑去，烧着了身子。明天我将用一份事先拟定的实验问卷来进行这项研究。

现在，我们先来整理一下思路，来谈谈我观察的这一个星期里的所有情景中的重复发生的情况。每次都发生在晚上 8 点到 10 点之间；蝴蝶们是一只一只飞来的。现在是暴风雨的天气，天空乌云翻滚，一片漆黑，花园里，露天地，树丛内，伸手不见五指。

对于这些到访者来说，除了这漆黑之夜之外，其他时间住所也难以进入。房屋掩映在一些高大的梧桐树下；屋前向外前厅是一条两边长着厚厚的丁香和玫瑰树篱的甬道；屋前还有丛丛松树和杉柏帷幕在抵挡凛冽的西北风的侵袭。大门不远处还有一道小灌木丛形成的壁垒。大孔雀蝶要赶到朝圣地就必须在漆黑的夜晚穿越这杂乱的树枝屏障，左冲右突，迂回前进。

在这样的情况下，猫头鹰都不敢离开它那油橄榄树的巢穴贸然闯入。而大孔雀蝶装备精良，长着多面的小光学眼睛，比大眼睛的猫头鹰技高一筹，敢于毫不迟疑地勇往直前，顺利通过，没有发生碰撞。它迂回曲折地飞行着，方向掌握得非常之好，所以尽管越过了重重障碍，抵达时仍精神抖擞，大翅膀没有丝毫的擦伤，完好无损。对于它来说，黑夜中的那点光亮已足够了。

即使我们认为大孔雀蝶具有某些普通视网膜所没有的特殊视觉，那这种异乎寻常的视觉也不会是通知在远处的它飞来这里的东西。远隔着的距离和其间的遮挡物肯定使这种视觉起不了这么大的作用。

再说，除非有迷惑性的光的折射——这儿并不是这种情况——大孔雀蝶会直扑所见到的东西的，因为光线的指引是非常准确的。不过大孔雀蝶有时也会出错，但错的不是要走的大方向，而是引诱它前去的所发生事情的确切地点。我刚才说过，孩子们的卧室是此时此刻到访者们的真正目的地——我的实验室的对面，在我们秉烛闯入之前，已经被一群蝴蝶占据了。它们肯定是因情急搞错了。在厨房里也是一样，也有一群满腹狐疑的蝴蝶，因为在厨房里有一盏灯，挺亮，对于夜间活动的昆虫来说是一种无法抗拒的诱惑，所以它们可能因此而迷了路。

我们只考虑黑暗的地方吧，在这种地方迷失方向者也不在少数。我在它们要前往的目的地附近几乎到处都发现一些。因此，当被囚女囚身陷我的实验室时，蝴蝶们并不是全都从那个直接而可靠的通道——开着的窗户——飞进来的，那通道离钟形罩下的女囚只不过三四步远。有不少是从下面飞进来的，它们在前厅四处乱窜，顶多飞到了楼梯口，可那是一条死路，上面有一个门关着，进不去的。

这些情况说明，赶来求爱的大孔雀蝶们并没有像普通光辐射告诉它们之后它们所做的那样（这些光辐射是我们的身体能感觉到或不能感觉到的），直奔目标飞来。另有什么东西在远处告诉它们，把它们引到确切地点附近，然后让最终的发现物处于寻找和犹豫的模糊状态之中。我们通过听觉和味觉获得的信息差不多也是这种情况，当必须准确地弄清声音或气味的来处时，听觉或味觉却是很不准确的。

发情期的大孔雀蝶夜间朝圣时究竟是靠什么样的信息器官呢？人们怀疑是它们的触角。雄性大孔雀蝶的触角似乎确实是用它们那宽阔的羽状薄翼在探测。这些美丽的羽饰只是一些普通的服饰呢，还是也起着一种引导求爱者找寻气味的作用呢？似乎不难进行一个带来结论的实验。咱们不妨来试一试。

入侵发生的翌日，我在实验室里找到了头天夜袭的访客中的八位。它们在关着的那第二扇窗户的横档上盘踞着，一动不动。其他的在一番飞舞尽兴之后，于晚上10点钟光景从进来的那个通道，也就是日夜全都敞开着的那第一扇窗户飞走了。这八只坚忍不拔者正是我要做的实验所必需的。

我用小剪刀从根部剪掉大孔雀蝶的触角，但并未触及它们身体的其他部位。它们对这种手术并未有什么反应，谁都没有动，只不过稍稍抖动了一下翅膀。手术非常成功：伤口似乎不怎么严重。被剪去触角的大孔雀蝶没有疼得乱飞乱舞，这对我的实验计划是最好不过的了。一天结束了，它们一直静静地一动不动地待在窗户的横档上。

余下要做的还有另外几项事情。特别是当被剪去触角的大孔雀蝶在夜间活动时，应给女囚换个地方，不让它待在求爱者们的眼皮底下，以保证研究的成果。因此，我把钟形罩和女囚搬了家，把它放在地上，在住宅另一边的门廊下，离我的实验室有五十来米。夜幕降临，我最后一次查看了一下我那八只动过手术者。有六只已经从敞开着的那扇窗户飞走了；还留下两只，但是已经摔在了地板上，我把它们翻过来，仰面朝天，它们都没有力气翻转身子了。它们已精疲力竭，奄奄一息。可别责怪我的手术不好。即使我不用剪刀剪去它们的触角，它们照样会衰老垂危的。

那六只大孔雀蝶精力充沛，已经飞走了。它们还会飞回来寻找昨天引它们飞来的诱饵吗？它们没有了触角，还能找得到现已移往别处、离原先的地点挺远的那只钟形罩吗？

钟形罩放在黑暗之中，几乎是在露天地里。我时不时地拿着一只提灯和一个网跑过去看看。来访者被我捉住、辨认、分类，并立即在我关上了门的相邻的一间屋子里放掉。这样做可以精确地计数，免得同一只蝴蝶被计算上好几次。另外，这临时的囚室宽敞空荡，绝不会损伤被捉住的蝴蝶，它们在囚室里会觉得很安静，而且有很大的空间。在我以后的研究中，我也将采取类似的安全措施。

10点半钟，再没有到访者了，实验结束了。捉住的一共是二十五只雄性，只有一只是失去触角的。昨天被动过手术的那六只大孔雀蝶，身强力壮，得以飞出我的实验室，回到野外，其中只有一只回来寻找那只钟形罩。如果必须肯定或者否定触角的导向作用，那我尚不敢信任这种收获不大的结果。让我们在更大的范围内再做一番实验吧。

第二天早上，我去查看头一天被捉住的俘虏们。我看到的情况并不令人鼓舞。有许多都落在地上，几乎没有了生气。我把它们用手指夹住时，有几只只是略微有点生命的气息。这些瘫痪了的囚徒还能有什么用处？咱们还是试一试吧。也许到了寻欢求爱的时刻，它们又会恢复生气了呢。

有二十四只新来的接受了截去触角的手术。先前被剪去触角的那一只被剔除了，因为它差不多已奄奄一息。最后，在这一天剩余的时间里，监狱的大门是敞开的，谁想飞走就飞走，谁想去赴盛大晚会就去参加吧。

为了让飞出去的接受试验，它们在门口必然会遇见的那只钟形罩又被挪了地方。我把它放置在一楼对面那一侧的一个套间里。当然，这个房间进出是自由的。

这二十四只被剪去触角者中，只有十六只飞到了外面。有八只已精疲力竭，不多久就会死在这儿。飞走的那十六只中，有多少只晚上会回来围着钟形罩飞舞呢？一只也没有。第二晚我只逮着七只，全都是新飞来的，也全都是羽饰完整的。这一结果似乎表明剪去触角是较为严重的事。不过，我们还是先别忙着下结论：还有一个疑点，而且是很重要的疑点。

"瞧我这副德行吧！我还敢在别的狗面前露面吗？"刚被别人

无情地割掉两只耳朵的小狗莫弗拉说。我的蝴蝶们会不会有跟小狗莫弗拉同样的担忧？一旦失去美丽的装饰，它们就不再敢出现在其情敌们面前向雌性示爱吗？这是它们的惶恐吗？是它们少了导向器的缘故吗？是不是因为久等而未能如愿所致，因为它们的狂热是短暂的？实验将解答我们的疑问。

第四天晚上，我捉到十四只蝴蝶，全都是新来者，我逐个地把它们关在一间房间里，它们将在里面过夜。第二天，我趁它们习惯于昼间歇息不动之机，把它们前胸的毛拔掉少许。拔去这么一点点毛对昆虫无伤大雅，因为这种丝质的下脚毛很容易长出来，所以不会伤及它们在要回到钟形罩前的时刻到来时所必需的器官的。对于这些被拔毛者这算不了什么，可对于我来说，这将是我识别谁来过而谁是新来者的重要标记。

这一次没有出现精疲力竭、无法飞舞者。入夜，十四只被拔毛者飞回野外去了。当然，钟形罩又挪了地方。两个小时里，我逮住二十只蝴蝶，其中只有两只是拔过毛的。至于前天晚上被剪去触角的大孔雀蝶，一只也没有出现。它们的婚期结束，彻底结束了。

在有拔过毛标记的十四只中，只有两只飞回来了。其他的十二只虽然有着我们所推测的导向器，有着它们的触角羽饰，但为什么没有回来呢？另外，在囚禁了一夜之后，为什么总是有那么多被证实为体力不支者呢？对此我只有一个回答：大孔雀蝶被强烈交尾的欲望迅速地耗得精疲力竭。

大孔雀蝶为了结婚这个它生命的唯一目的，具备了一种奇妙的天赋。它能飞过长距离，穿过黑暗，越过障碍，发现自己的意中人。两三个晚上的时间里，它用几个小时去寻觅，去调情。如果不能遂愿，一切全都完了：极其准确的罗盘失灵了，极其明亮的灯火熄灭了。那今后还活个什么劲儿呀！于是，它便缩到一个角落里，清心寡欲，长眠不醒，幻想破灭，苦难结束。

　　大孔雀蝶只是为了代代相传才作为蝴蝶生存的。它对进食为何事一无所知。如果说其他的蝴蝶是快乐的美食家，在花丛间飞来飞去，展开其吻管的螺旋形器官，插入甜蜜的花冠的话，那大孔雀蝶可是个没人可比的禁食者，完全不受其胃的驱使，无须进食即可恢复体力。它的口腔器官只是徒具形式，是无用的装饰，而非货真价实、能够运转的工具。它的胃里从未进过一口食物：如果它不是活不长的话，这可是个绝妙的优点。灯若想不灭就必须给它添油。大孔雀蝶则拒绝添油，不过它也就因此而活不长。只两三个晚上，那正是配对交欢最起码的必需时间，这就是一切：大孔雀蝶也就寿终正寝了。

　　那么失去触角的大孔雀蝶一去不复返又是怎么回事呢？它们是否在证明没有了触角它们就无法再找到那只女囚呢？绝对不是。如同被拔掉毛身体受损但却安然无恙的昆虫一样，它们也是在宣告自己的寿命已经终结了。它们无论被截肢还是身体完整者，现在皆因年岁大的缘故而派不上用场了，它们的存在与不存在已无意义。由于实验所必需的时间不够，我们未能了解到触角的作用。这种作用先前让人摸不着头脑，今后仍旧是一个疑团。

　　我囚禁在钟形罩下的那只雌性大孔雀蝶存活了八天。它根据我的意愿，每晚在居住处的一隅或另一处，为我引来数目不等的一群造访者。我用网随到随捕，然后立即把它们关进封闭的房间，让它们过夜。第二天，起码要在它们前胸剪掉些绒毛，以做标记。

　　来访者的总数在这八天当中高达一百五十只，考虑到今后两年为了继续这项研究必需的资料，我将要费劲乏力地去寻找这种活物的话，这个数目可真让人瞠目结舌。大孔雀蝶的茧在我住所附近虽说并非找不到，但至少是十分罕见，因为其毛虫的栖息地老巴旦杏树并不太多。那两年的冬天，我对这些衰老的树全都

154

一一检查过，翻查它们那藏于一堆杂乱的木本植物中的树根，可我有多少次都是无功而返，空手而回呀！因此，我的那一百五十只大孔雀蝶是从远处，从很远的地方，也许是从方圆两公里以外或更远的地方飞来的。它们是如何获知我实验室里的情况而纷纷前来的呢？

有三个信息因子是易感性的决定条件：光线、声音和气味。大孔雀蝶从敞开的窗户飞进来之后，视觉是在指引着它，但仅此而已。但在进来之前，在外面那未知的环境中则不然！说大孔雀蝶具有猞猁那种穿墙视物的视觉是不足以说明问题的，还必须解释为什么它有一种敏锐的视觉，能够神奇地看见几公里之外的东西。这个问题太大太难，咱们别去讨论了。

声音同样与此无关。胖胖的雌性大孔雀蝶虽能够从很远的地方招引来情人，但它却是静默无语的，连最敏锐的耳朵也听不见它的声音。说它有春心萌动、激情颤抖，也许可以用高倍显微镜观察得到，严格地说，这是可能的。但是，我们不要忘了，到访者应该是在很远的距离之外，在数千米之外获得信息的。在这种情况下，我们就别去考虑声学的因素了，否则的话，就无宁静可言，周围一定是乱哄哄一片。

剩下的就是气味了。在感官范畴内，可以说气味的散发比其他的东西更能解释为什么蝴蝶们会稍作迟疑之后便纷纷前来追逐吸引它们的那个诱饵。是否确实有这么一种类似于我们称之为气味的散发物呢？这种散发物又是极难发觉的，是我们所感觉不到可又能让比我们的嗅觉更敏锐的嗅觉感觉出来。得做一个实验，这实验极其简单，就是把这些散发物掩藏起来，用气味更大更浓烈而经久的一种气味压住它们，成为主导气味，这样一来，微弱的气味就几乎不存在了。

我事先在晚上雄性大孔雀蝶将被招来的那个屋子里撒了点樟

脑。另外，在钟形罩下，在雌性大孔雀蝶旁边我也放了一只装满樟脑的宽大圆底器皿。大孔雀蝶来访时，只需待在房间门口就能闻到这股子樟脑味儿。我的巧计未能奏效。大孔雀蝶们像平时一样，如约而至，它们闯入房间，穿越那股浓烈的气味，像在没有气味的环境中一样，准确地向钟形罩飞去。

我对嗅觉能否起作用已产生了疑惑。再说，我现在也无法继续实验了。第九天，我的女囚因久等无果已精疲力竭，把未能孵出幼虫的卵下在钟形罩的金属纱网上之后死去了。没了雌性大孔雀蝶，我也就无事可做，只好等到明年再说。

这一次，我将采取一些预防措施，储备了充足的必需品，以便如我所愿地重复已经做过的和我考虑要做的实验。说干就干，不必拖延了。

夏日里，我以每只一个苏的价格买了一些大孔雀蝶毛虫。我的几个邻居小孩——我日常的供货者们——对这种交易十分起劲儿。每个星期四，他们在摆脱那令人生厌的动词变位的学习之后，便跑到田间地头，不时地会找到一条大毛虫，用小棍子尖端挑着给我送来。这帮可怜的小鬼不敢碰毛虫，当我像他们抓熟悉的蚕那样用手指捉住毛虫时，他们都吓呆了。

我用老巴旦杏树枝喂养我昆虫园中的大孔雀蝶毛虫，不几天便有了一些优等的茧。到了冬天，我在老巴旦杏树根部一丝不苟地寻找，获得不少成果，补足了我的收集物。一些对我的研究感兴趣的朋友跑来帮我。最后，通过精心喂养，四处搜寻，求人代捉，虽身上被荆条划得伤痕累累，但我却有了不少的茧，其中有十二只较大较重的是雌性的。

失望一直在等待着我。5月来临，这是个气候变化无常的月份，把我的心血化为乌有，使我痛心疾首，愁苦不堪。说话又到了冬季。寒风凛冽，吹掉了梧桐树的新叶，落满一地。这是天寒地冻的腊月，晚上必须生上旺火，穿上厚厚的冬衣。

我的大孔雀蝶也饱受煎熬。卵孵化得晚了，孵出来一些迟钝呆滞的家伙。在一只只钟形罩里，雌性大孔雀蝶根据出生先后今天一只明天一只地住了进去，可是很少或者压根儿就没有外面飞过来探望的雄性大孔雀蝶。在附近倒是有一些，因为我收集的长着漂亮羽饰的试验用雄性大孔雀蝶，一旦孵化出来，辨认清楚之后便会被立即关进园子里。它们不管是离得远的还是就在附近的，都很少飞过来，而且即使来了也无精打采的。

也许低温也对提供信息的气味散发物有很大的影响，而炎热则可能有利于气味的散发。我这一年的心血算是白费了。唉！这种实验真难呀，它受到季节变换和一些无常因素的制约！

我又开始进行第三次实验。我喂养毛虫，到田野里去寻找虫茧。到了 5 月份，我已经收集了不少。季节很好，符合我的要求。我又见到了一开始导致我进行这种研究的那次令人振奋的大孔雀蝶的入侵盛况。每天晚上都有大孔雀蝶飞来，有时十一二只，有时二十多只。雌性大孔雀蝶肚腹鼓鼓的，紧贴在钟形罩的金属网上。它毫无反应，甚至连翅膀都没颤动一下。它好像对周围所发生的事情无动于衷。我家人中嗅觉最灵敏的也没有嗅出什么气味来；我家亲朋中被拉来做证的听觉最敏锐的也没听见任何响动。那只雌性大孔雀蝶一动不动地、屏息凝神地在等待着。

雄性大孔雀蝶三三两两地扑到钟形罩圆顶上，绕着飞来飞去，不停地用翅尖拍打着圆顶。它们之间没有因争风吃醋而发生打斗。每只雄性大孔雀蝶都在尽力地想闯入钟形罩，看不出对其他的献殷勤者有任何的嫉妒。徒劳地尝试一番之后，它们厌倦了，飞走了，混入正在飞舞着的蝶群中去。有几只绝望者从那扇敞开的窗户飞走了，一些新来者替代了它们。而在钟形罩的圆顶上，直到 10 点钟左右，不断地有蝴蝶尝试闯入，随即失望而去，随即又有新来者代替之。

　　钟形罩每天晚上都要挪挪地方。我把它放在北边或南边，放在楼下或二楼，放在住所右翼或左翼五十米开外，放在露天地里或一间僻静小屋的暗处。这一番神不知鬼不觉地突然搬来搬去，如果不知情者想找可能都找不着，但是却一点儿也没骗过蝴蝶们。我的时间与心思全白费了，没有迷惑住它们。

　　这说明并不是对地点的记忆在起作用。譬如头一天晚上，那只雌性大孔雀蝶被放置在住所的某间房间里。羽饰美丽的雄性大孔雀蝶飞到那儿舞了两个小时，甚至还有一些在那儿过了一夜。第二天，日落时分，当我转移钟形罩时，雄性大孔雀蝶都在外边。尽管寿命转瞬即逝，但新来者仍有能力进行第二次、第三次的夜间远征。这些只能存活一日的家伙首先将飞往何处？

　　它们了解昨夜幽会的确切地点。我还以为它们将凭着记忆回到那儿去，而在那儿发现人去楼空时，它们将飞往别处继续追寻。但并不是这么回事。与我的期盼恰恰相反，根本就不是这样的。它们谁也没有再出现在昨晚一再光顾的地方，谁都没在那儿做过短暂逗留。它们已看出那里没有人烟了，记忆似乎并没有事先向它们提供任何情报。一个比记忆更加可靠的向导把它们召唤去了另外的地方。

　　在此之前，雌性大孔雀蝶一直公开地待在金属网眼上。那些到访者在漆黑的夜晚目光仍是敏锐的，它们凭借那对我们而言简直如同漆黑的夜色的一点微光是能够看见那只雌性大孔雀蝶的。如果我把雌性大孔雀蝶关进不透明的玻璃罩中，那会出现什么情况呢？这种不透明的玻璃罩难道就不能让提供信息的气味自由散发或完全阻止它散发吗？

　　今天，物理学使我们能够发明利用电磁波的无线电报了。大孔雀蝶在这个方面是不是可能超越了我们？为了使周围的雄性大孔雀蝶激越，通知几公里以外的求爱者，刚刚孵化出来的适婚雌性大孔雀蝶难道已拥有已知的或未知的电波和磁波吗？这种电波、磁波难道会被某种屏障隔断而被另一种屏障放行吗？总而言之，它是不是会按照自己的方法利用某种无线电呢？我觉得这并没有什么不可能的。昆虫是这种高级发明的强者。

于是，我把雌性大孔雀蝶放在不同材质的盒子里，有白铁的、木质的、硬纸壳的，全都关得严严实实，甚至还用油性胶泥给封上。我还用了一只玻璃钟形罩，将它摆放在一小块玻璃的绝缘柱上。

在这种严密封闭的条件下，没有飞来一只雄性大孔雀蝶，一只也没有，尽管晚上既凉爽又安静，环境宜人。无论是什么材质的——金属的、玻璃的、木质的还是硬纸壳的——密封盒，都使传递信息的散发物无法散发出去。

一层两横指厚的棉花层也产生同样的效果。我把雌性大孔雀蝶放进一只很大的短颈大口瓶里，用棉花盖上瓶口，扎紧。这足以使周围的雄性大孔雀蝶无法知晓我实验室的秘密了。一只雄性大孔雀蝶都没有露面。

反之，我们不把盒子密封，让它微微开着点，再把这些盒子放进一只抽屉里，装进大衣橱中。但尽管这么藏了又藏，雄性大孔雀蝶仍然蜂拥而来，多得就像明显地把钟形罩放在一张桌子上时一样。女囚被放在帽盒里，裹进一只关好的壁橱等待着的那个晚上的情景至今仍历历在目。雄性大孔雀蝶们扑向壁橱门，用翅膀扑打着，啪啪声连连，想闯进去。这些过路的朝圣者，也不知从何处飞过田野来到此处，它们非常清楚门后面藏着什么。

因此，任何认为存在类似无线电报的通信手段的说法都无法让人接受，因为一道屏障无论是好导体还是坏导体，一经出现便立即阻断了雌性大孔雀蝶的信号。为了让信号畅通无阻，传得很远，必须具备一个条件：囚禁雌性大孔雀蝶的囚室不能关得严丝合缝，密不透风，要让内外空气相通。这又使我们回到了存在一种气味的可能性上，但那是经我用樟脑所做的实验给否定了的。

我的大孔雀蝶的茧业已告罄，但问题仍然没有弄个一清二楚。我第四年还要继续搞下去吗？我放弃了，原因如下：如果我想跟踪观察一只大孔雀蝶夜间婚礼中的亲昵举动，那是颇为困难的。献殷勤的雄性为达到目的肯定是无须亮光的，但我这人类的微弱视力在无光亮的夜间是看不见什么的。我起码得点上一支蜡烛，但又常常被飞舞的群蝶给扇灭。提灯倒是可以免此烦恼，但是它光线昏暗，又会出现阴影，根本无法让你看得清清楚楚。

还不仅是这一点。灯的亮光还会把蝴蝶从它们的目标引开，使之无法成其美事，而且照得太久，还会严重影响整个晚会的成功。来访者一飞进屋内，便疯狂地扑向火光，烧坏身上的绒毛，而且，从今以后因为被烧伤而疯狂，就无法用来取证了。如果它们没有被烧着，被隔在玻璃罩外面，落在火光旁边，便会像是被施了魔法似的，不再动弹。

一天晚上，雌性大孔雀蝶被放置在餐厅的一张桌子上，正对着敞开着的窗户。一盏煤油灯点着，灯上装有一个搪瓷的宽大灯罩，吊挂在天花板上。一些来访者落在钟形罩的圆顶上，在女囚面前急不可耐的样子。另外的一些来访者，飞过女囚囚室时略微致意一番，便向煤油灯飞去，盘旋片刻之后，被搪瓷灯罩的反射光照得迷迷糊糊的，便贴在灯罩下面一动不动了。孩子们已经伸手要去捉它们了。"别动，"我说，"别动。别惊扰它们，别搅扰这些前来光明圣体龛朝圣的客人。"

整个晚上，它们全都没有动弹过。第二天，它们仍留在原地。对亮光的迷恋使它们忘掉了爱情。

面对这样一些迷恋亮光的家伙，精确而长久的实验是无法进行的，因为观察者需要照明。我放弃了对大孔雀蝶及其夜间婚礼的观察。我需要一只习性不同的蝴蝶，它得像大孔雀蝶一样勇敢地奔赴婚礼幽会，但又能在白天行房。

在用一只满足上述条件的蝴蝶进行研究之前，暂时先别顾及时间的先后次序，说几句我结束研究之前飞来的最后一只蝴蝶的事。那是一只小孔雀蝶。

别人不知从哪儿给我弄来一只很棒的茧，裹着一个宽大的白色丝套。从这个不规则的大褶皱的丝套中，很容易抽出一只外形似大孔雀蝶茧但体积要小一些的茧来。丝套端口用松散但又聚集的细枝结成网状，可出而不可进，我一眼便可看出那是一只夜间活动的大孔雀蝶的同类。丝套上有编织者的名号。

果然，3月末，圣枝主日那一天的清晨，那只茧孵出一只雌性小孔雀蝶，我立刻把它关进实验室的钟形金属网里。我打开房间的窗户，好让这件大事传布到田野中去，而且必须让可能前来的探访者自由进入房间。被囚的这只雌蝶贴在金属网纱上，一个星期都没再动一动。

我的小孔雀蝶女囚美丽极了，一身呈波纹状的褐色天鹅绒华服，上部翅膀尖端有胭脂红斑点，四只大眼睛，宛如同心月牙，黑色、白色、红色和赭石色混在一起。如果不是色泽那么发暗的话，几乎就是大孔雀蝶的装饰。这种体形和服饰如此华美的蝴蝶，我一生中只见到过三四次。我昨天见了茧，但从未见到过雄性蝶。我只是从书本上知道雄性比雌性要小一半，体色更加鲜艳，更加花枝招展，下部翅膀呈橘黄色。

我还不了解的陌生贵客——羽饰漂亮的雄蝶，它会飞来吗？在我们周围这一片似乎很少见到它。在它那遥远的藩篱墙中，它能得知那只适婚雌蝶在我实验室的桌子上正等待着它吗？我敢保证它会前来的，而且我错不了的。瞧，它来了，甚至比我预料的还早到了。

　　晌午时分，我们正要吃午饭，因心悬可能会出现的情况尚未来用餐的小保尔突然跑到饭桌前，面颊红彤彤的。只见一只漂亮的蝴蝶在他的指间扑扇着翅膀，它正在我实验室对面飞舞时，被小保尔一下子捉住了。小保尔递过来给我看，以目询问我。

　　"哇！"我说，"正是我们等待着的朝圣者呀。先别吃了，赶快去看看是怎么回事。回头再吃吧。"

　　因奇迹的出现，午饭都被遗忘了。雄性小孔雀蝶令人难以置信地按时被女囚神奇地召唤来了。它们艰难曲折地飞翔，终于一只接一只地飞来了，它们都是从北边飞过来的。这个情况很有价值。的确，乍暖还寒已经一个星期了。北风呼啸，吹落了老巴且杏树新绽开的花蕾。这是一场凶猛的风暴，通常在我们这里预示着春天不远了。今天，气候突然转暖，但北风依然在呼啸着。

　　在这段时间陡变的天气中，飞来找那只雌小孔雀蝶的所有雄小孔雀蝶全都是从北边飞到我的拘蝶园中的。它们是顺着气流飞的，没有一只是逆流而来的。如果它们有与我们相似的嗅觉作为罗盘，如果它们是受分解于空气中的有味道的微粒指引的，那它们就应该是从相反的方向飞来才对。如果它们是从南边飞来的，我们就会认为它们是闻到风吹来的气味才找到地方的。在北风呼啸，空气吹净，什么味道也闻不到的天气里，从北边飞来，怎么可能假定它们在很远的地方就嗅到了我们所说的气味呢？我觉得有气味的分子不可能会顶着强风传给它们。

　　两个小时中，在阳光灿烂之下，来访的雄小孔雀蝶们在我的实验室门前飞来飞去。其中大部分都在一个劲儿地寻来觅去，或撞墙欲入，或掠地而过。见它们如此犹豫不决，我想它们是因找不到引它们飞来的那个诱饵的确切位置而十分着急。它们从老远飞来，没有弄错方向，可到了地方却又拿不准确切地点了。不过，它们迟早会飞进屋内去向女囚致意的，但也不会留恋。下午2点钟，一切便结束了。一共飞来了十只雄小孔雀蝶。

整整一个星期，每当中午时分，阳光极其明亮时，一些雄小孔雀蝶便会飞来，但数量在减少。前后加起来一共将近有四十来只。我觉得无须重复实验了，因为不会给我已知的情况再添加点资料了，所以我只是在注意两个情况。

首先，小孔雀蝶是昼间活动的，也就是说它们是在光天化日之下举行婚礼的。它们需要充足明亮的阳光。而与它成虫的形态和毛虫的技艺相近的大孔雀蝶则完全相反，需要日暮天黑之后。这种相反的习性谁有本事解释清楚谁就去解释吧。

其次，一股强气流从相反方向吹散能够给嗅觉提供信息的分子，但却不会像我们的物理学所假设的那样，阻止小孔雀蝶飞抵产生气味的目的地。

为了继续研究，我们需要的是夜间举行婚礼的大孔雀蝶，而不是小孔雀蝶。后者出现得太晚了，而我并没有再研究它。我需要的是大孔雀蝶，不管是什么样的，只要它在婚庆时行房敏捷能干即可。这种大孔雀蝶，我能获得吗？

金步甲的婚俗

　　众所周知，金步甲是毛虫的天敌，所以无愧于它那"园丁"的称号。它是菜园和花坛的警惕的田野卫士。如果说我的研究在这方面不能为它那久负盛名的美誉增添点什么的话，那至少我可以从下面的介绍中向大家展示这种昆虫尚未为人所知的一面。它是个凶狠的吞食者，是所有力不及它的昆虫的恶魔，但它也会惨遭灭顶之灾。是谁把它吃掉的呢？是它自己以及其他许多昆虫。

　　有一天，我在我家门前的梧桐树下看见一只金步甲慌忙地爬过。朝圣者是受人欢迎的，它将使笼中居民增强团结。我把它抓住后，发现它的鞘翅末端受到损伤。是争风吃醋留下的伤痕吗？我看不出有任何这方面的迹象。要紧的是它可不能伤得很厉害。我仔细地查验一番，看不见什么伤残，可以大加利用，便把它放进玻璃屋中，与二十五只常住居民为伴。

　　第二天，我去查看这个新寄宿者。它死了。头天夜里，同室居民攻击了它，那残缺的鞘翅没能护好肚腹，被对方给掏空了。破腹手术干净利落，没有伤及一点肢体。爪子、脑袋、胸部，全部完好无损，只是肚子被大开了膛，内脏被掏个精光。我眼前所

164

见的是一副金色壳架，由双鞘翅合拢护着。对照之下，被掏空软体组织的牡蛎也没有它这么干净。

这种结果颇令我惊诧，因为我一向很注意查看，不让笼子里缺少吃食。蜗牛、鳃角金龟、螳螂、蚯蚓、毛虫以及其他可口的菜肴，我是换着花样地放进笼中，菜量充足有余。我的那些金步甲把一个盔甲受损、容易攻击的同胞给吞吃掉，是无法以饥饿所致作为借口的。

它们中间是否约定俗成，伤者必须被结果，其要变质的内脏必须被掏空？昆虫之间是没有什么怜悯可言的。面对一个绝望挣扎的受伤者，同类中没有谁会驻足不前，没有谁会试图前去帮它一把。在食肉者之间，事情可能变得更加悲惨。有时候，一些过往者会奔向伤残者。是为了安慰它吗？绝对不是，它们是为了去品尝它的味道，而且，如果它们觉得其味鲜美，则会把它吞吃掉，以彻底解除它的痛苦。

当时，有可能是那只鞘翅受损的金步甲暴露了它受伤的地方，同伴们受到了诱惑，视这个受伤的同胞为一只可以开膛破肚的猎物。但是，假如先前并没有谁受伤，那它们之间是否会相互尊重呢？从种种迹象来看，一开始，它们相互间还是相安无事的。吃食时，金步甲们之间也从未开过战，顶多是相互从嘴中夺食而已。它们在木板下躲着睡午觉，而且睡得很长，也没见有过打斗。我那二十五只金步甲把身子半埋在凉爽的土中，安静地在消食、打盹儿，彼此相距不远，各睡各的小坑中。如果我把遮阴板拿掉，它们立刻惊醒，纷纷四下逃窜，不时地相互碰撞，但并不打架。

平静祥和的气氛很浓，似乎会永远这么持续下去，可是，6月，天刚开始热时，我查看时发现有一只金步甲死了。它没有被肢解，同金色贝壳一模一样，如同刚才被吞食的那只伤残者的样子，使人想到一只被掏干净的牡蛎。我仔细查看了残骸，除了腹部开了个大洞，其他地方完好无损。由此可见，当其他的金步甲在掏空它时，那只受伤的金步甲是处于正常状态的。

不几天，又有一只金步甲被害，同先前死的一样，护甲全都完好无损。把死者腹部朝下放好，它似乎好好的；而让它背冲下的话，它便是一只空壳，壳内没有一点肉了。稍后不久，又发现一具残骸，然后是一只又一只，越来越多，以致笼中居民迅速减少。如果继续这么残杀下去的话，那我笼子里很快就什么也没有了。

是幸存者们瓜分因年老体衰而自然死亡的金步甲们的尸体呢，还是它们牺牲好端端的"人"以减少"人口"呢？想弄个水落石出并非易事，因为开膛破肚的事是在夜间进行的。但是，我因时刻警惕着，终于在大白天撞见过两次这种大开膛。

将近6月中旬，我亲眼看见一只雌金步甲在折腾一只雄金步甲。后者体型稍小，一看便知是只雄的。手术开始了。雌性攻击者微微掀起雄金步甲的鞘翅末端，从背后咬住受害者的肚腹末端。它拼命地又拽又咬。受害者精力充沛，但却并不反抗，也不翻转身来。它只是尽力在往相反的方向挣扎，以摆脱攻击者那可怕的齿钩，只见它被攻击者拖得忽而进忽而退的，未见其他任何抵抗。搏斗持续了一刻钟。几只过路的金步甲突然而至，停下脚步，好像在想："马上该我上场了。"最后，那只雄金步甲使出浑身力气挣脱开来，逃之夭夭。可以肯定，如果它没能挣脱掉的话，那它肯定就被那只凶残的雌金步甲开膛了。

几天过后，我又看到一个相似的场面，但结局却是完满的。仍旧是一只雌性金步甲从背后咬一只雄性金步甲。被咬者没做什么抵抗，只是徒劳地在挣扎，以求摆脱。最后，皮开肉裂，伤口扩大，内脏被悍妇拽出吞食。

那悍妇把头扎进其同伴的肚子里，把它掏成个空壳。可怜的受害者爪子一阵颤动，表明已小命休矣。刽子手并未因此心软，继续在尽可能地往腹部深处掏挖。死者剩下的只是合抱成小吊篮状的鞘翅和仍旧连在一起的上半身，其他一无所剩。被掏得干干净净的空壳便撇在原地。

　　金步甲们大概就是这样死去的，而且死的总是雄性，我在笼子里不时地看见它们的残骸。幸存者大概也是这般死法。从 6 月中旬到 8 月 1 日，开始时的二十五个居民骤减至五只雌性金步甲了。二十只雄性全都被开膛破肚，掏个干干净净。被谁杀死的？看样子是雌金步甲所为。

　　首先，我有幸亲眼所见，可以为证。我两次在大白天看见雌金步甲把雄的在鞘翅下开膛后吃掉，或至少试图开膛而未遂。至于其他的残杀，虽然说我没有亲眼所见，但我却有一个非常有力的证据。大家刚才全都看见了：被抓住的雄金步甲没有反抗，没有进行自卫，而只是拼命地挣扎逃跑。

　　如果这只是日常所见的对手之间的寻常打斗，那么被攻击者显然会转过身来的，因为它完全有可能这么做。它只要身子一转，便可回敬攻击者，以牙还牙。它身强力壮，可以搏斗，定能占到上风，可这傻瓜却任凭对手肆无忌惮地咬自己的屁股。似乎是一种难以压制的厌恶在阻止它转守为攻，也去咬一咬正在咬自己的雌金步甲。这种宽厚令人想起朗格多克蝎，每当婚礼结束，雄蝎便任由其新娘吞食而不去动用自己的武器——那根能令恶妇毙命的毒螯针。这种宽容也让我回想起那个雌螳螂的情人，即使有时被咬得只剩一截了，仍不遗余力地在继续自己那未竟之业，终于被一口一口地吃掉而未做任何的反抗。这就是婚俗使然，雄性对此不得有任何怨言。

　　我喂养在笼子里的金步甲中的雄性，一个一个地被开膛破肚，一个不剩，这也是在告诉我们那同样的习性。它们是已经对交尾感到满足的雌性伴侣的牺牲品。从4月至8月的四个月里，每天都有雌雄配对，有时是浅尝辄止，有的时候，而且比较经常的是有效的结合。对于这种火辣的性格来说，这种冲动绝对是没有终结的。

金步甲在情爱方面是快捷利索的。在众目睽睽之下，无须酝酿感情，一只过路的雄金步甲便向一眼见到的雌金步甲扑上去。雌金步甲被紧紧搂住，微微昂起头，以示赞同，而在其上的雄金步甲便用触角尖端抽打对方的脖颈。迅即就交配完毕，双方立即分开，各自跑去吃蜗牛，然后又各自另觅新欢，重结良缘，只要有雄金步甲即可。对于金步甲来说，生活的真谛即在于此。

在我养的金步甲园地里，男女比例失调，五只雌的对二十只雄的。但这并不要紧，没有什么争风吃醋的拼搏。雄性平和地占用、滥交遇上的雌性。有了这种忍让精神，早一天晚一天，机会多的是，经过多次相遇相试，每个雄性都能泄掉自己的欲火。

我本想让雌雄比例趋于合理的，但纯属偶然而非有意才造成这种比例失调的情况。初春时节，我在附近石头下捕捉遇上的所有金步甲，不问是公是母，而且仅从外部特征去看也挺难辨出雌与雄来。后来，在笼子里喂养之后，我知道了，雌性明显地要比雄性大一些。所以说，我那金步甲园地里的雌雄比例严重失调实属偶然。可以相信，在自然条件下，雄性是不会比雌性多这么多的。

再说，在自由状态之中，不会见到这么多金步甲聚在一块石头下面的。金步甲几乎是孤独生活着的，很少看见两三只聚在同一个住所里。我的笼子里一下子聚着这么多实属例外，而且还没有导致纷争。玻璃屋中场地挺大，足够它们爬来爬去，自由自在，优哉游哉。谁想独处就可以独处，谁想找伴儿就能马上找到伴儿。

再说，囚禁生活似乎并不怎么让它们感觉厌烦，从它们不停地大吃大嚼，每日一再地寻欢交尾就可以看得出来。在野地里倒是自由，但却没这么受用，也许还不如在笼子里，因为野地里食物没有笼子里那么丰盛。在舒适方面，囚徒们也是身处正常状态，完全满足了它们的日常习俗。

只不过在这里同类相遇的机会比在野地里多。这也许对雌性来说是个绝妙的机会，它们可以迫害它们不再想要的雄性，可以咬雄性的屁股，掏光它们的内脏。这种猎杀自己旧爱的情况因相互比邻而居而加剧了，但是肯定没因此就花样翻新，因为这种习性并非是一时兴起所造就的。

交尾一完，在野外遇见一只雄性的雌金步甲便把对方当成猎物，将它嚼碎，以结束婚姻。我在野地里翻动过不少石头，可从未见到过这种场景，但这并没有关系，我笼子里的情况就足以让我对此深信不疑了。金步甲的世界是多么残忍呀，一个悍妇一旦卵巢中有了孕而无须情人时便把后者吃掉！生殖法规拿雄性当成什么，竟然如此这般地残害它们。

这类相爱之后同类相食现象是不是很普遍？目前来说，我已经知晓有三类昆虫是这种情况：螳螂、朗格多克蝎和金步甲。在飞蝗这个种族中，情况没有这么残忍，因为被吃掉的雄性是死了的而非活着的。雌白额螽斯很喜欢一点一点地嚼其已死情人的大腿。绿蚱蜢也是这种情况。

在一定程度上，这里面有个饮食习惯的问题：白额螽斯和绿蚱蜢首先都是食肉的。遇见一个同类尸体，雌虫总是多少要吃上几口的，不管它是不是其昨夜情郎。猎物就是猎物，没有什么情郎不情郎的。

可是素食者又是怎么回事呢？接近产卵期时，雌性距螽竟冲着它那尚活蹦乱跳的雄性伴侣下手，剖开后者的肚子，大吃一通，直至吃饱为止。一向温情可爱的雌性蟋蟀性格会突然暴戾，会把刚刚还给它弹奏动情的小夜曲的雄性蟋蟀打翻在地，撕扯其翅膀，打碎它的小提琴，甚至还对小提琴手咬上几口。因此，很有可能这种雌性在交尾之后对雄性大开杀戒的情况是很常见的，特别是在食肉昆虫中间。这种残忍的习性到底是什么原因促成的呢？如果条件允许的话，我一定要把它弄个一清二楚。

蟹　蛛

　　蟹蛛爬行时像螃蟹一样，横行霸道，因此得名。它也像螃蟹一样，前步足比后步足粗壮，只是它的两条前足不像螃蟹前足那样戴着"拳击手套"。

　　这种蟹蛛不会织网捕猎。它的捕猎方法是埋伏在花丛中窥视着，一旦猎物出现，它会飞快地掐住对方的脖子。它尤其喜爱捕捉家蜂。一贯爱好和平的蜜蜂，为了采蜜来到花间草丛，用舌头先在花丛中探测，选好一处花粉多的开采区，立刻便忙于收获了。待它的花篮里装满了花粉，肚子慢慢地鼓起来的时候，蟹蛛便从花丛下的隐藏处突然蹦了出来，纵身跃起，掐住蜜蜂的后脖颈根部。后者在无助地拼命挣扎，用螫针乱扎一气，但攻击者始终不肯放手。

　　蜜蜂的奋力挣扎、反抗未能奏效，由于颈部的神经被死死地掐住，脖子被迅雷不及掩耳之势咬住，没一会儿便蹬着小腿儿，一命呜呼了。刽子手自在满意地吮吸着被害者的血，吸干之后，便不屑一顾地将蜜蜂干尸弃之一旁，又埋伏在花丛之中，伺机捕捉下一个采集花粉者。

受肠胃制约的动物和人，简直像是恶魔。为了获得味美肉嫩的猎物，他们是根本不会去顾及对方的工作之神圣，生活之快乐，母性之温柔，临终之痛苦，只要自己能大快朵颐就可以了。我们所说的这种蟹蛛，可能很像古罗马执法官手下手持束棒的侍从，专司捆绑犯人于行刑柱上。许多蜘蛛都是这样，为了制服猎物，以便随心所欲地把它吃掉，就用"绳子"先把猎物捆绑结实，从这一点来看，上述比喻还是挺恰当的。但关键的问题是，蟹蛛名实并不相符，它并没有用绳子捆绑蜜蜂，蜜蜂是被它咬伤脖子而死的，而且几乎没有对刽子手进行任何反抗。

　　蜘蛛几乎总是有着一个大肚子，里面储存着大量的丝，有些蜘蛛用腹中的丝来制细丝线，而所有的蜘蛛都会用自己的丝来织卵袋中的莫列顿呢。蟹蛛也不例外，它也同其他的蜘蛛一样，用肚子里的丝为自己的婴儿编织保暖服装，只是它的肚子不像其他蜘蛛那么大，那么臃肿。

　　蜜蜂的杀手很怕冷，在我国，它几乎没有离开过橄榄树的故乡。它尤其喜欢一种名为岩蔷薇的灌木。这种灌木开出的花呈粉红色，花朵很大，有点皱皱巴巴的，保持的时间不长，只有一个上午，第二天，凉爽的黎明来临时，新开的花便取代了昨日的花，花期通常要持续五六个星期。

　　蜜蜂很爱到这里来采花蜜。它们在雄蕊那宽大的管圈上飞来飞去地忙碌着，满身都蹭上了黄色的花粉。蟹蛛闻讯匆忙赶来，躲藏在一片花瓣构成的粉红色帐篷下面，随时准备着向猎物发动攻击。我朝这片花丛望去，只见四处的花上都落着蜜蜂。如果我发现有一只不动弹了，伸直了舌头和腿脚，我便连忙赶过去，因为那无疑是蟹蛛在作怪，它刚杀了"人"，正在吮吸尸体里的血。

　　话说回来，蜜蜂的这个捕杀者长得十分漂亮，尽管它那金字塔形的躯干上坠着个大肚子，下端左右两侧各隆起一个驼峰状的乳突，但它的皮肤看上去简直比绸缎还要柔软。有些蟹蛛的皮肤呈乳白色，有些则呈柠檬色；有一些挺讲究的蟹蛛还在腿上戴上不少粉红色的镯子，背上饰有胭脂红的曲线，胸部两侧有时还佩戴着一条淡绿色的细带子。蟹蛛的服装色彩虽然不如彩带蛛那么丰富，但是，就简明、精致和色彩搭配而言，要比后者的服装色彩优雅许多。即使对蜘蛛感到恐惧和厌恶的没有经验的人，也不得不承认蟹蛛的优雅，忍不住要抓起一只看似温顺平和的蟹蛛来观赏一番。

蜘蛛类昆虫中的这个宝贝有何才干呢？首先，它会建造适合自己的巢穴。金翅鸟、燕雀以及其他建筑师善用植物的侧根、植物纤维、棉絮团等在树枝丫上构建贝壳形的巢。蟹蛛也喜欢在高处盖房造屋。为了建造自己的屋子，它在自己平时捕猎的岩蔷薇上选择一根长得很高、因炎热而枯萎了的树枝，枝上还挂着一些卷成小窝棚的枯叶。蟹蛛便在其上搭建巢穴，生儿育女。

蟹蛛肚子呈梭子状，里面装满了丝，它让肚子上下轻轻地摆动，把丝拉向四周。它织成一个袋子，袋壁与周围的干树叶浑然一体。这个白色的不透明的巢，一部分露在外面，一部分被树叶所遮掩。它插在树叶间的夹角里，呈圆锥形，像丝蛛所织的袋子，但体积要比丝蛛袋来得小些。

当卵产入袋子里之后，一个用同样的白丝织成的盖子便把这个袋子口给盖严盖实，最后，再用几根丝织成一个薄薄的帘子，在卵袋上做成一个床顶华盖。然后，再用弯曲的叶尖做成一间凹室，母亲便居于其间。

这不仅是疲劳的产妇产后休息之所，还是一个很好的掩蔽所，一个监视哨。母亲就坚守在这个监视哨所之中。它平趴着，直到自己的孩子们大批地迁移。它因产卵以及筑巢建窝耗费了大量的丝，所以身体变得十分消瘦。现在，它只是为了保护自己的窝巢而活着。如果有不速之客从附近经过，它会立即冲出哨所，抬脚踢蹬，把这不速之客赶跑。当我用一根草去撩拨它时，它便奋力地反击，用拳头击打我所使用的武器，仿佛在跟那根草进行拳击。如果我想做些试验，故意让它挪挪窝，那就得花费点工夫，因为它会死死地抱住丝质地板不放，让我无法得逞。我因害怕伤着它，也不敢太用力。这个顽强的家伙刚被逗引出窝，便会立即返回自己的岗位，它放不下自己的宝贝们。

蟹蛛同纳博讷狼蛛一样，当别人夺它的宝贝时，它便会奋力反击。这两种蜘蛛都同样勇敢，同样忠诚，但也同样糊涂，分不清宝贝是自个儿的还是别人的。

我们也无法用母爱来形容它们，因为它们那只是出于冲动，只是一种机械性的爱，没有真正的温情孕育其中。生活在岩蔷薇上的高雅的蟹蛛，也不见得就比狼蛛聪明，如果把它移到另一个形状相同的窝里去的话，它便在那儿安下家来，不再挪窝，尽管那个袋子上排列规则有所不同的叶子已经明显地告诉它，这儿并不是它原先的家，但它只要脚下踩着丝，它就不会发现自己摸错了门，被弄到别人的家里了，它像监护自己的巢穴一样谨慎有加地监视着这个新家。

在母性的盲目这一点上，狼蛛则表现得尤为突出。它把我用锉刀锉成的软木球、纸团和线团当成了自己的卵袋，粘在纺丝器上，带着走来走去。我想了解一下蟹蛛是不是也会这么犯糊涂，便在封闭的圆锥形卵袋里放了一些蚕茧的碎片，把碎片那较细较平的一面朝上。我的诡计未能奏效。离开了自己的家，被安置在人造袋子上的母蟹蛛死活不肯在那儿安家。这么看，它好像是比狼蛛要聪明一些吧？也许是这样，但是也别因此就对它大加赞扬，因为那个巢模仿得不够标准，过于粗糙。

5月底，产卵的任务完成了，平趴在巢顶上的母蟹蛛无论白天还是黑夜，都不离开其掩蔽体。见它那么干瘦，我便准备为它提供几只蜜蜂，它一定会开心的，因为我以前就这么做过。

可我推断错了，这并不是它所需要的。此前它一直偏爱的蜜蜂已经引不起它的兴趣了，被我放进网罩里的蜜蜂尽管是唾手可得，它也无动于衷，任由它嗡嗡地叫。但是，虽然如此，它却并未擅离职守，仍在坚守着自己的岗位，靠着母爱的执着维持着生命。因此，我只能眼睁睁地看着这个蟹蛛母亲日益衰弱，越来越干瘪。这只消瘦的蟹蛛究竟死死地在等待什么呀？

它是在等着自己的孩子出世，它这个垂死者对它的孩子们还有用。彩带蛛的孩子从"气球"里一出来，便无人照看，成了孤儿。这些孤儿根本无力从自己的袋子里挣脱出来，必须靠"气球"自行爆裂，气球爆裂时，把小彩带蛛和棉床垫一股脑儿地弹了出来。

蟹蛛的袋子外面大部分地方都加了一层树叶，它永远不会自动爆裂，只要封条仍贴在盖子上，它就不会自行打开来。当小蟹蛛获得解放后，我发现盖子周围有一个小洞口敞开着，宛如天窗。这个天窗原先并不存在，是谁把它打开的？

袋子的布料质地很好，非常厚实牢固，里面关着的年幼体弱的小蟹蛛根本就扯不破它。那是它们的母亲解救了它们。母亲感觉到丝棉顶篷下的孩子急于出来，在乱蹬乱踢乱拱，就帮它们把袋子捅破了。蟹蛛母亲拖着病体坚持了三周，就是等着这一天，好最后用牙把卵室咬开。母亲的天职完成了之后，它便欣慰坦然地逝去，并紧紧地贴在自己的窝上，变成干尸。

7月到来，小蟹蛛出世。我预知它们有表演杂技的习性，便在它们出生的那个罩子顶上放了一束很细的枝条。它们果然全都钻过纱网，聚到那把枝条上来，并很快地在那上面用自己的丝交错地编织出一个宽阔的临时营地来。开头两天，它们躲在营地里，比较安静，随后便在一个物体与另一个物体之间架设起天桥来。这是我进行观察研究的大好时机。

　　我把一束爬满了小蟹蛛的枝条置于开着的窗户前的一张桌子上，放在背阴的地方。不一会儿，它们便开始进行大迁移，但速度缓慢且毫无秩序。小蟹蛛们有些迟疑，有的在向后倒退；有的则吊在丝的一头垂直坠落，然后丝往上收，又把吊在半空中的小蟹蛛带了上去。总之，一片忙碌，不见成效。

　　大约 11 点钟光景，我灵机一动，想把急于迁移的小蟹蛛所盘踞的那束枝条放到烈日照射的窗台上。被太阳暴晒了几分钟之后，情况便大不相同了。这帮小移民们爬到小树枝的顶上，十分活跃，动弹个不停。这儿简直成了一个令人眼花缭乱的制丝绳的车间，几千条腿都在从纺丝器里往外拉丝。丝绳制好后，便被甩了出去，任凭风儿将它带走。我得实话实说，我并未看见丝绳，只是凭借自己的猜想。三四只蟹蛛同时出发，然后分道扬镳，各行其道，看着它们的爪子在灵巧地忙碌着，我就知道它们都在往上攀爬，顺着一个支撑物攀缘着。但它们身后的那根丝仍然可以看得出来，因为这是一条复线。等到达某一高度时，它们便停止了攀登，在空中荡了起来。经阳光一照，只见它们一个个闪闪发光，缓缓地在晃动着，然后便突然飞了起来。

　　这是怎么回事呀？原来，外面微风吹来，飘荡的丝断了，小蟹蛛被吊在"降落伞"上，被吹走了。我看着它们远去，像点点光点似的闪着光亮，落在了二十步开外的那片墨绿的柏树林中。第一只小蟹蛛消失了，其他的小蟹蛛也随之消失不见了，有的飞得高一些，有的飞得低一些，飞向不同的方向。

　　在阳光的照射下，骤然发出耀眼光芒的小蟹蛛犹如焰火一般。它们紧攥住飘荡的飞丝，飞向了辽阔的世界。但或早或迟，或远或近，它们都得落地。唉！生活所迫，必须降落，哪怕是降落到很低洼的地方去。这就如同带冠毛的夜莺，为了填饱肚子，不得不将路上的驴粪蛋捣碎，从中觅食。它在天上飞时，唱出动听的歌来，其实，那是它饥肠辘辘，找不到燕麦粒充饥所导致的，它必须落到地上，寻找食物充饥，解此燃眉之急。这是动物求食的本能使然。小蟹蛛因同样的原因也不得不降落，它们因有降落伞的保护，削弱了重力作用，不致被摔伤。

在有能力捕捉蜜蜂之前，小蟹蛛能够抓获多少小飞虫？采用什么方法去捕捉？是靠一些雕虫小技吗？它们最后将去哪儿过冬？凡此种种，我不得而知。春天到来时，我们还会见到它们的，但它们那时已经长大，并潜伏在蜜蜂采蜜的花丛之中。

圆网蛛

圆网蛛的才能不因年龄之不同而发生变化。小圆网蛛未成年时如何工作，老年圆网蛛即使积累了一年的工作经验，也同幼年时一样地工作。在它们的行当中，既无师傅也无徒弟，从铺第一根丝起，个个都对自己的行当非常精通。

7月初，一天傍晚，暮色苍茫，当新居民们正在我的荒石园的迷迭香上编织蛛网时，我突然在门前发现一只肚大腰圆、高傲而美丽的蜘蛛，是一位胖夫人，头年刚出生，其威风凛凛之态，在此季节实属罕见。我认出它是角形蛛，一身灰衣服，两根暗色饰带嵌于身体两侧，于后部相会，聚成一个尖尖。它从左右两侧把肚子底部短时间内胀得鼓鼓的。

我注意观察它，看到它拉出了一批丝。7月一整月以及8月的大部分日子，每晚8点到10点，我都可以追踪观察它的织网过程。蛛网每晚都有小飞虫冲撞落网，或多或少地都会有些破损，所以它每天都得加以修补，免得洞越弄越大，难以修补，影响捕猎。晚间，我提着灯笼，很容易观察它所做的各种作业。它身子藏于一排柏树和一丛月桂之间的高处，面对着飞蛾经常飞临的狭窄通道。它的网设置的位置极佳，因为在整个夏季里，它虽然每晚都得修补破网，十分辛苦，但也说明它的猎获成绩斐然。有时候，黄昏时分，我们全家都会跑去看它。看到它在颤动不已的绳网上大胆地做着那么惊险的杂技动作，大人孩子全都十分惊叹。在我的提灯照亮之下，蛛网变成了一个美丽的圆形花饰，仿佛是由月光编织而成的。

我把角形蛛的业绩记录下来，每日一记，从不遗漏。从这些大事记中，我们首先可以了解到建造这个圆形建筑物的丝线是如何取得的。圆网蛛白天就蜷缩在柏树的绿叶中，到晚上 8 点光景，它便走出自己的隐居地，来到树梢上。它立于这高地上，先仔细地观察现场，制订计划，还要观云望天，看看夜间天气是否晴朗。

这之后，它便突然完全伸展开它的八条长腿，身子悬吊在从纺织器里拉出来的丝桥上，直线坠落。在下坠的过程中，丝也随之抽出。它就凭借自身重量作为拉力，但下坠并不因重量而加速，而是由纺织器进行调节。它边下坠边收缩，或扩张或闭合纺织器的毛孔。这样缓缓地下降时，这条充满活力的垂直丝线就越拉越长。降到离地面两寸高时，它突然停下，纺织器停止了工作。它抓住自己刚刚拉出来的丝，回转身来，一边纺织一边沿原路往上爬去。但这一次体重却帮不上忙，它得另外想法拉丝：后面的两个步足迅速地交替运作，把丝从丝囊里拉出来，再逐渐地把丝抛弃掉。

它回到了两米高处的出发点。它已拥有一根双股丝线，结成环柄状，在空中轻轻地飘荡着。它把这双股丝线的一端固定在适当的地点，等着另外的那一端被风吹起来，把环柄黏结在附近的细树枝上。

也许要等待很久才能得到预期的结果。圆网蛛看上去倒挺有耐心，一点也不着急，可我却按捺不住，便走上前去助它一臂之力。我用麦秸把飘荡着的环柄挑起，把它搭在高度适当的一根细树枝上。经我这么一弄，丝桥搭建成功了，圆网蛛看来颇为满意。当它感到丝的另一端已经粘住时，便从桥上一头到另一头一连跑了几个来回，每跑一趟都会在丝桥上加上一股丝线。它就这么不停地编织着框架的主要构件，悬挂缆绳便铺设好了。这丝缆很细，看起来也很简单，但它的两端却像是开花似的分散开来，形成树枝状。圆网蛛来回多少趟，便有多少个分叉。这一股股的分叉丝线，黏着点各不相同，致使丝缆两端固定得十分牢固。

悬挂缆则比整个蛛网的其他部分都更加牢固，所以它留存得也就更久。经过一夜的捕猎，蛛网一般都会受到不同程度的损坏，第二天晚上几乎都得加以织补。在彻底清理过的地方，战场打扫完了，就得重起炉灶，只有丝缆除外，因为重新编织的网还得悬挂在这根粗粗的丝缆上。这条丝缆架设起来并非易事，因为架设成功与否并不完全凭借圆网蛛的技艺，还得依靠空气的流动，把细丝吹到灌木丛中去寻找一个依托。所以，架设起来会费不少的时间，而且还无法保证必然成功，一旦架设好了一条既牢固、方向又好的丝缆之后，圆网蛛是不会轻易更换掉它的，除非发生了严重的事件。每天晚上，圆网蛛都从丝缆上走过来走过去，用新的丝来加固它。

当圆网蛛无法下坠到必需的位置，丝线太短，不能将环柄固定在远处，因此就形不成双股丝，搭不成丝桥的时候，它便采用另一种方法。它仍然下坠，然后又爬上来，不过，这一次丝的一端像蓬松的毛笔，各个细杈没有黏在一起，宛如从莲蓬头里洒出来的水似的。然后，这根如同浓密的狐狸尾巴似的细丝，像是被剪刀剪断了一样，伸展开来，整根丝拉长了一倍。现在，它的长度便达到了要求，圆网蛛便把丝的一端固定起来，另一端则随着分散的枝杈随风飘荡，不一会儿就会很容易地黏结到灌木丛上去。

圆网蛛无论以何种方式铺设丝缆，只要是铺设成功了，它就有了一个基地，可以随时接近或离开作为依托的枝丫。这根丝缆是它扩建工程的上限；圆网蛛从这根丝缆可以变换降落点，往下滑一点，边滑边抽丝，再沿着抽出的丝往上攀爬，同时也抽出丝来，形成双股丝。圆网蛛在大丝桥上行走时，这双股丝便一直延伸到系着丝桥的细枝，随即便把双股丝自由的一端或高或低地系在细枝上，从而在左右两边造出了几个斜向横档，把丝缆和枝丫连在了一起。而这些斜向横档转而又支撑着其他的方向都有变化的横档。待到横档达到一定数量的时候，圆网蛛就无须再用下坠的方法来抽丝了，它可以从一根丝索到另一根丝索，用它的后足拉丝，逐渐地把丝架设起来，因此便出现了一系列的直线组合。这种组合并无一定之规，但却是保持在几近垂直的同一平面上。一个极不规则的多边形空地就这样圈定了，蛛网就编织在这片空地上，应该指出，网本身是一个非常有规则的作品。

圆网蛛都是以中心瞄准点作为标杆来铺设等距离的辐射丝的。在铺设时都有辅助螺旋丝作为脚手架，但这脚手架只是临时性的，用完就丢弃。而且还都有许多圈相互紧密靠拢着的捕捉飞虫的螺旋丝。铺设这种捕捉飞虫的螺旋丝是一项极其精细的工作，因为工程要求必须有规则。这么精细的工作是否需要极其安静的环境，不受外界的干扰，以免走神出错呀？它是不是需要安静的环境边干活边思考呀？其实是用不着的。我在一旁观察，而且手里还提着提灯，但它并未因此而分心走神，照样细心地工作着。它就像一架在黑暗中转动着的纺车，即使被光线照射着，仍旧继续忙着自己的活计，既没加快速度，也没放慢步伐。

8月的第一个星期日是主保圣人节。星期二是庆祝活动的第三天，这一天晚上，村里在9点钟时，得放烟花庆祝节日的结束。烟花燃放点正巧设在我家门前的大路上，离我的圆网蛛的工作地点只有几步远。当大家敲着鼓，吹着号，手持树脂火把，再加上村里的小孩的欢闹，真的是一片熙熙攘攘，吵吵闹闹。这时，我的纺织姑娘正好在铺设它的大螺旋丝。我提着灯在观察着，但是，我仍旧看见纺织姑娘在静静地专心工作着，人群的喧闹声、鞭炮的噼噼啪啪声、烟火的吱吱声，以及五颜六色的火花散落时的亮光，丝毫没有引起纺织姑娘的惊慌不安，它继续有板有眼地忙碌着，如同平常在寂静的夜晚里一样。

圆网蛛刚刚在休息区边上结束了铺设大螺旋丝的活计，便把用节余的丝头线脑儿做成的中央坐垫给吃掉了。但是，在把这顿标志着织网工作结束的夜餐吃掉之前，蜘蛛目中只有两种蜘蛛——彩带蛛和丝蛛——还要对自己的工程进行最后的检查、认定，也就是说，它们还要从中心到休息区下部边缘铺设一条紧密相靠着的白色"之"字形带子。有的时候，甚至在上部也会再铺设一条同样形状，但稍许短些的带子。这种带子看似古怪，其实是用来加固蛛网的。年幼的圆网蛛开始时并不做这种加固工作，因为它们并未达到考虑未来的年龄，还不懂得节约用丝的重要性，所以，尽管网并未完全损坏，仍可以使用，它们每晚都要重新编织新网。既然还要重织新网，那旧网加固不加固又有什么关系呢？

可是，到了秋末冬初，成年蜘蛛感到产期临近，便不得不勤俭节约了，因为不仅卵袋消耗的丝量很大，而且，成年蜘蛛的网做得也大，需用的丝也就多，因此，它们不得不厉行节约，使网用的时间长些，免得筑巢搭窝要用丝时捉襟见肘，日子难熬。

也许是出于这一考虑，或者有其他我尚不知晓的原因，反正彩带蛛和丝蛛认为有必要建造持久耐用的工程，用一根横向贯穿的带子来加固它们的捕虫网。而其他的圆网蛛的卵袋只不过是个简简单单的小弹丸，用丝不多，所以没有必要去编织加固丝网的

"之"字形带子，它们与年轻蜘蛛一样，每天傍晚都要重新编织一个蛛网。

我们再来看看角形蛛是如何进行重新织网的工作的。日暮黄昏时分，角形蛛便从其隐居地小心翼翼地爬出来，离开遮蔽着它的柏树叶，来到捕虫网的悬挂缆上。在上面稍稍待上一会儿之后，它便下到网上，大把大把地收拢废网，把螺旋丝、辐射丝和框架也全都扒拉到步足下面来，只把悬挂丝缆留着，因为这个结实的部件是原建筑物的基础，稍事加工，仍可留作结新网之用。

收拢来的废网被揉捏成一小团，像猎物似的被蜘蛛吃掉，一点不剩。这再次表明圆网蛛是多么会过日子，多么克勤克俭。这些废网丝经过蜘蛛胃的加工，又变成液体，将留作他用。

清扫完场地之后，角形蛛便在留下的那根悬挂丝缆上开始编织框架和网。晚上9点钟光景，角形蛛把网编织好了。晚间天气甚好，树梢纹丝不动，正是飞蛾夜巡、自投罗网之时。刚才我已经说了，在大螺旋丝弄好之后，圆网蛛就将中央小坐垫给吃掉了，然后回到休息区去守株待兔。这时候，我便用小剪刀沿着一条直径把蛛网剪成两半。辐射丝立即收缩回来，网上便出现了一个可以伸进三个指头的空洞。

躲藏在丝缆上的蜘蛛看着我在搞破坏，倒也并不太惊慌。当我剪完之后，它便平静如常地爬了回来，在剩下的那半张网上停下，待在整个圆面的中央。由于身体一侧的步足没有地方可以支撑，它便明白这网已经破损，便立即拉了两根丝横穿在缺口上，没有地方支撑的步足便伸到这两根丝上，它就不再动弹了，一心窥伺着飞虫落网。

这个纺织姑娘整个晚上都没有像我所企盼的那样去把破网织补好，而只是死守在那半张剪剩下来的残缺不全的网上，等着捕获猎物。因为第二天早晨，我又去看时，那网仍旧与我头天晚上离开时一模一样，没有任何织补的迹象。

横拉在缺口上的那两根丝并不是它想修补破网。由于身体一侧的那些步足失去依托，要去打猎时，它便从裂缝中穿过去。在它往返的路上，它像其他的圆网蛛一样，留下一根丝来。但这也并不说明它想织补破网，而只是因它心情不佳、闷闷不乐地来回走动所留下的丝而已。我用剪刀剪坏它的网，它却固执地不去织补，那好，一计不成，我另设一计。

第二天，蜘蛛把头一天的网吞吃下肚之后，又织出了一张新网。工作完毕之后，我趁它回到中央区待着时，用一根麦秸小心翼翼地拨动螺旋丝，把它拉出来，但并不破坏辐射丝和休息区。螺旋丝晃动着，一截截地断了。捕虫螺旋丝损毁，蛛网就没有用了，尺蛾飞过也捕捉不到。面对这场灾难，圆网蛛会干什么呢？它什么也没干。它只是一动不动地待在我给它预留的休息区里，等待捕捉猎物。但那网已经起不了捕捉飞虫的作用了，它白白地守候了一夜。翌日清早，我去查看时，发现那网仍破损如昨，足见圆网蛛虽饥肠辘辘，仍不思修补自己的大本营。

也许它在铺设好那根大螺旋丝之后，丝器里的丝已经告罄，不可能再连续不断地吐丝了。但我却希望不是这个原因造成的，盼着另有别的原因，我坚持不懈地等待着，终于有了结果。在我紧紧地盯着它绕大螺旋丝时，有一只猎物傻乎乎地落入这个残缺不全的陷阱。圆网蛛一见，立刻放下手上的活计，冲向那个倒霉的冒失鬼，用丝把它缠住，美美地吃了起来。在与那个挣扎的倒霉蛋搏斗时，圆网蛛看到网的一角被撕破了，出现了一个大洞，这会影响捕猎。面对这个大洞，它会如何处置？这时候必须赶紧修补，否则就永远无法进行修补了。事故就出现在它的脚下，它不会不知道的，再说，此刻它的纺织厂正在开工，纺织器里不会没有丝的。可它根本就没去理会，它把猎物吮吸了几口之后便撇下了，回到因捕食尺蛾而中断了工作的地方，继续去铺设它的大螺旋丝。有些人不知出于什么理论的需要，竟然大肆颂扬蜘蛛的织补能力，可我所做的实验却证明完全不是这么回事：蜘蛛根本就不会织补破网。它尽管苦恼，若有所思，但却不会去给破洞补上一块布的。

其他的一些蜘蛛不会编织大网眼的网，经它们织出的绸缎上，丝线随意地交叉着，形成了连续不断的丝绸料子。这类蜘蛛中包括家蛛。它们在我们的墙角上铺就一块宽大的丝绸布，固定在墙角突出的地方。它就躲在侧面的角落里，那是它的住所，这住所是一根丝管，管口呈锥形的一个长廊，它就藏于其中，窥伺外面的情况。这块丝绸布胜过我们最柔软的平纹布，极其精细，但它并不是一个捕猎工具，而是一座平台，蜘蛛可在上面巡逻，特别是在夜晚。真正的捕猎器是张在这个平台上的一堆乱丝绳。这类蜘蛛编织捕猎器的规则与圆网蛛不同，因而其运作方式也有所不同。那上面没有黏稠的线，只有简单的线圈，由于铺就得密密麻麻，猎物一旦落入，甭想溜掉。一只飞虫落入此陷阱，越是挣扎，就越是被缠得紧紧的，家蛛见状，立刻冲上前去，把它掐死。

我做了个实验。我把家蛛的这块丝绸布弄了个圆洞，直径有两指宽。一整天，洞就这么敞开着，但是，到了第二天，我却发现洞已经被盖住了。盖着洞口的是一片细密的薄纱，薄得看不出来，必须用一根麦秸去挑一下，才能感觉得到，因为麦秸往那儿一戳，丝绸布便会摇动，我便会知道是遇到障碍物了。

事情是明摆着的：夜里，家蛛把破损建筑物修补过了，给破丝绸布添了个补丁，这可是圆网蛛所不具备的才能。家蛛的这块丝绸布既是它的监视哨所，又是它的捕猎网，猎物一旦被上面的吊索抓到，便会坠落到这块丝绸布上。这个捕猎场不断地会有猎物坠落，但却并不很牢固，因为墙皮斑驳，有细泥灰落下，把网坠破，所以家蛛得经常加工，每天夜晚都要在上面加上新的一层。

它每次从管状隐蔽所出来或回去，总要把系在身后的一根丝牵长，留在走过的路上。我每每可以看见搭在表面的丝线，其方向全都汇聚在管状隐蔽所的入口处，无论家蛛是随心所欲地走直道，还是拐来绕去。这就表明，它每走一步，都要给这块丝绸布添上一根丝线。这与松毛虫倒是同出一辙，松毛虫夜晚从其丝屋里出来进食或返回屋里休息，总要在其住所的表面留下一条丝线。每次出征都要为自己的住所"添砖加瓦"。

家蛛正是如此，它每天夜晚都要到平台上来溜达，同时也就给平台加上了一层，无论平台上是否出现空洞。它这并非有心在为撕破的地方织补一块，而只是继续在做自己的习惯动作。如果说破洞终于给补上了，那也只是说明是习惯使然，而非家蛛特意为之。再者，如果说要把破洞织补上的话，那它就该集中全部注意力，把丝全都用在破洞上，一下子把损坏处弄得与其他地方一样的平展。可我所看到的却是，破损的地方只留下一层薄薄的几乎看不见的细纱。显然，它在破洞上的所作所为，与它在别处的做法一模一样，不多也不少。它并没把丝全用在破洞上，它这是在节约材料，以便留着丝好织一整张网。要把损毁处逐渐地修补好，得花好长的时间。足见，无论是地毯女工还是纺织姑娘，都不懂织补这门手艺。

现在，我们还是来仔细观察一下圆网蛛是如何巧妙地编织自己的螺旋丝网的。只要稍加留意，就会发现，组成捕虫网的丝与构成框架的丝是不一样的。它们在阳光下闪烁着，显现出其中的结节，状似一串小颗粒编成的念珠。因为一有点风，网就飘来荡去的，无法用显微镜直接观察。于是，我便把一块玻璃片放在网下，抬起那张网，取下几段丝来，平放在玻璃片上，然后把它放在放大镜和显微镜下面仔细地加以观察。

我简直无法相信，这些肉眼看不太清的丝的末端，竟然是一圈圈密实的螺旋丝，而且，这丝还是空心的，是一根极细极细的管子，管内满是类似于阿拉伯树胶的黏液。这黏液从丝端流出半透明状的液体。我用玻璃片压住它，放在显微镜下的托座上，只见螺旋丝延伸成细带，带子从一头到另一头全都扭卷着，中间有一道暗线，即为空腔。

　　丝里面的黏液就穿过这卷曲的管状丝的壁，一点一点地往外渗，使整个网都具有黏性，而且黏度很高。我用一根细麦秸轻轻地触碰了一段丝的第三、四节。尽管是轻而又轻地一触，麦秸还是被粘住了。我抬高麦秸，丝被拉起，长度比原先增长了一两倍，最后，由于绷得过紧，丝便脱落了，但并没有断，只是缩回到原先的长度了。丝被拉长时，螺旋丝便松开来，缩回去时，又卷曲起来。最后，黏液渗到丝的表面，使丝变成了黏合物。

　　总之，这螺旋丝是我从未见过的纤细如发丝的细管。它卷成螺旋状以便具有弹性，使之经得住猎物的挣扎而不致被拉断，让猎物得以逃脱。丝管里储存着大量的黏性物质，不断地渗透出来，在丝的表面因暴露于空气中而减弱黏附力的时候，可以恢复丝的黏性。这简直是太奇妙了。圆网蛛并不是在一般性的网上捕食，而是在带黏胶的网上捕猎。其黏性之大，令人叫绝，就连蒲公英的冠毛轻轻擦过，也会被粘牢的。可是，圆网蛛天天在这张网上爬来爬去，怎么就没被粘住呢？

　　我前面已经介绍过，蜘蛛在其捕虫网的中央留着一个区域，黏性螺旋丝是不进入这一区域的，它们在离这个中心区尚有一定的距离时便终止了。这个中心区域在整张网中占有掌心那么大的面积，它由辐射丝和辅助螺旋丝的开端构成，不具有黏性。我用麦秸在这个中心区试探过，在这个中心区内的任何地方，都不会被粘住。

圆网蛛只是驻守在这个中心区，在这个休息地内几天几夜地监视着，等待猎物自投罗网。但是，猎物经常是在大网的边缘被粘住的，蜘蛛一见，立即冲上前去，把猎物五花大绑，让它挣扎不了。那么，它是如何在那黏性丝上行走的呢？我见它行动时快如闪电，毫不犯难，黏性丝并未因其步足的移动而被带起来。这到底是怎么回事呀？

我小的时候，每逢周四下午不上课时，同学们都会三五成群地跑到田野里去抓金丝雀。我们在给竹竿头上涂黏胶之前，总要先用点油抹抹手，以免粘住了自己的手。圆网蛛是不是也了解油脂的这个用途呢？

我用纸沾了点油把麦秸擦了擦，再把它拿到螺旋丝上试了试，果然，麦秸没被丝粘住。于是，我便从一只活圆网蛛身上取下它的一只步足，把它放在涂了油的麦秸上让它与黏丝相接触，它就像是在非黏性丝上一样，没有被粘住。圆网蛛在任何情况之下都不会被粘住，这一点我们早就应当预料到的。

我又做了一个实验，但结果却完全不一样了。我把这只步足先放在油脂物的最佳溶解剂——硫化钠中浸泡了一刻钟，然后，用一支浸泡了这种溶解剂的毛笔仔仔细细地把这只步足清洗了一番，然后，把它与捕虫网的螺旋丝一接触，它就立刻被粘得牢牢的了。我因此得出结论，圆网蛛之所以不会被黏性极强的螺旋丝粘住，说明它身上肯定有一种脂肪物质。仅仅由于出汗，也会在蜘蛛身上轻轻地涂上一些这样的脂肪性物质的。蜘蛛身上涂着一层特殊的汗液，在网上就能行动自如，不用惧怕那黏性螺旋丝。

不过，即使如此，圆网蛛也不可在螺旋丝上待得太久。与这种黏性丝接触得太久，就会造成黏附，从而妨碍它行动自由，而它必须保持敏捷的身手，才能在猎物挣脱掉之前，把猎物尽快地捆绑起来。因此，它用来长时间窥伺的地方是绝对不会有黏性极强的螺旋丝的。圆网蛛只是在这块休息区里才这么静止不动地长时间待着。它伸开自己那八只步足，时刻准备着发现蛛网晃动，有猎物落网，冲将出去。它即使是用餐进食，也是待在这个休息区里。因为有时猎物较大，得吃上好长时间，只能把猎物弄到休息区里来美美地细嚼慢咽。它在把猎物五花大绑，使之失去挣扎能力之后，把它拖到一根丝的末端，以便在没有黏性的中心区里享用。

这种黏性胶数量很少，无法对它的化学特性加以研究。我们从显微镜下可以看到从断丝里流出一种略带粒状的透明液体。我通过实验了解到了这种液体的情况。

我用一块玻璃片穿过蛛网，采集到了一些固着成平行线的黏胶丝，然后，把这块玻璃片放在水面上，用一个罩子把它罩起来。罩子里湿度很高，不一会儿，蛛丝边儿便伸展开来，在一种可溶于水的套管中逐渐膨胀，变成了流体。这时候，丝管的螺旋形状消失了，在蛛丝的管道里出现了一种半透明的圆珠，也就是出现了一些极小极小的颗粒。

二十四小时之后，丝里面的汁液没有了，丝变成了几乎难以看出的细线。我如果在玻璃片上滴上一滴水，几乎立即便会看到一种黏性分解物。由此可见，圆网蛛的黏胶是一种对湿度极其敏感的物质，在温度饱和的环境下，它会大量地吸收水分，然后通过丝管渗透出来。因此，圆网蛛通常不会在大雾天里织网，更不用说在雨天里了，因为捕虫网被雾浸湿便会溶解成黏性破片，由于受潮而失去效用，但这并不妨碍它们构建总的框架，架设辐射丝，甚至绕辅助螺旋丝，因为这些部件不会因湿度过大而受到损毁。

在毒日头的暴晒下，捕虫网为什么没有变干、萎缩，变成僵硬而无活力的细丝，反而始终那么具有弹性，而且黏附力越来强呢？这完全是由于它对湿度的极大敏感性导致的。空气中永远都会存在湿气，湿气会慢慢地浸入到黏性丝里去，随着丝里原有黏性逐渐消失，它会按照要求稀释丝管里浓稠的胶汁，并让胶汁渗透到管外来。这就解决了螺旋丝变干变硬的问题。尽管如此，我仍旧没有弄明白这个出色的拉丝厂是如何工作的。丝质的东西怎么会铸造出极细的管子来？这管子又怎么会充满着黏胶，而且卷成螺旋形？这同一家拉丝厂怎么既能提供普通丝，用来加工框架、辐射丝和螺旋丝，又能提供彩带蛛丝袋里的那种棕红色的丝以及装饰在丝袋上的横条黑色饰带？我看见了这许许多多不同品种的产品，却不了解这部机器是如何运作的。我才疏学浅，这个问题只好留待解剖学家和生物学家去解决了。我们现在还是来看看圆形蛛身上是否有"电极线"吧。

在我所观察的六种圆网蛛中，只有彩带蛛和丝蛛这两种蜘蛛即使是烈日当头，也始终待在自己的网上，而其他的蜘蛛一般都是在夜晚出现。它们在离网不远的灌木丛里有自己的简易隐蔽所，白天通常都待在那儿静止不动，专心窥伺外面的动静。但是，它毕竟离得较远，它到底怎么发现猎物落网的呢？其实，网的颤动比亲眼看到猎物更会引起它的警觉。我做了一个实验，在彩带蛛的黏胶网上放了一只刚刚死去的蝗虫。不管我怎么放，蜘蛛都没有任何反应，即使我把蝗虫放在它的前方不远处，它仍旧是一动不动，似乎毫无知觉似的。于是我便用一根长麦秸轻轻地拨动了一下死蝗虫，彩带蛛和丝蛛立即从中心区冲了过来，其他的一些蜘蛛也从树叶下面钻出来，奔向猎物，用丝把猎物捆个结结实实，如同平常捕捉活物一样。这就证明，必须让网震动才能使蜘蛛发动冲击。

会不会是因为蝗虫体色泛灰，不太能引起蜘蛛的注意？那么，就给它换一个颜色鲜亮的猎物。蜘蛛捕食的猎物中还没见过有穿红色外衣的，我便用红毛线绕了一个小圆团，大小与蝗虫一般，粘在蛛网上。

此计甚妙。只要小毛线团一动，蜘蛛就立刻冲过来；没让毛线团动弹时，蜘蛛却是静止不动地待在其中心区域里的。有一些冲过来的蜘蛛，傻乎乎地用脚尖触碰小红线团，用丝把它捆绑了起来，甚至还咬了咬这个诱饵。这时候，它们才发现那不是什么猎物，便悻悻地离去了。另外一些蜘蛛比较狡猾，虽然也被这红毛线制作的诱饵吸引了过来，但它们先用触须和步足进行了试探，立刻便发现那不是什么可吃的东西，就没浪费自己的丝去捆绑诱饵。经过一番检查，便弃之而去了。

但是，不管怎么说，聪明的也好，愚笨的也好，反正它们都冲了过来。那么，它们究竟是怎么获得情报的呢？肯定不是靠视觉。在发现错误之前，它们必须先用步足抓住"猎物"，甚至还要咬一咬。蜘蛛的视力极弱，诱饵不会动弹，即使近在咫尺，它们也看不见，何况，多数情况之下，捕猎是在夜间进行的，即使视力再好，夜晚也看不清东西。所以，它一定配备着一个远距离接收信息的仪器。我们随便找一只蜘蛛来观察就会发现，当它白天躲在隐蔽处窥伺时，有一根丝从网的中心拉出来，斜向拉到蛛网平面之外，一直通向蜘蛛白天的隐蔽哨所。这根丝线除了与中心点相连之外，与蛛网的其他部分没有任何关系，与框架的线也不发生交叉。这条线通常长约半米。角形蛛因为高踞于树上，它的这根丝线就更长些，达两米。显然，这根斜向丝线是一座丝桥，当蜘蛛遇到紧急情况时，便会迅速地从桥上跑到网上来，巡查结束后，又从桥上返回隐蔽哨所。实际上，这就是它来回往返所走的路。但是，可能不仅如此。如果圆网蛛只是为了在隐蔽所和网之间搭建一条快速通道的话，把丝桥搭在网的上部边缘不就行了吗？这样的话，路程既短，斜坡又不陡。

再有，这根丝为何总是以黏性网的中心为起点，而不设在别处呢？因为这个中心点是辐射线的汇聚处，是一切震动的震中，蛛网上的所有东西都会把其颤动传到这个中心点上，因此，中心点上的这根斜向丝线就可以把猎物挣扎震颤的信息传到远处。这根线是个信号器，是根电极线。

我们再来做个实验。我把一只活蝗虫放到蛛网上，被粘住的猎物拼命地挣扎。只见蜘蛛立即兴冲冲地爬出隐蔽所，从丝桥上下来，扑向蝗虫，把它捆绑住，注射麻醉药，然后，用一根丝把俘虏固定在丝器上，拖到隐蔽所，美滋滋地享用起来。

过了几天，我又对它进行实验。仍旧用的是一只蝗虫。但这一次，我先把信号天线给剪断了。猎物放到网上后，同样是拼命地挣扎，震颤着蛛网，但蜘蛛却一动不动，好像无动于衷似的。这并不是因为丝桥断了，它来不了了，它有几十条道可以来到该去的地方，因为网由许多丝系在枝丫上，通道多的是，来去自由，方便至极。可是，捕猎者就是没动窝。为什么呀？因为它的电极线被我给剪断了，没有获得猎物震颤的消息。整整一个钟头了，蝗虫仍旧在踢蹬着腿挣扎着，捕猎者仍旧是一动不动地待在原地。最后，它发觉那根信号线绷得不紧，很是蹊跷，便顺着框架上的一根丝，毫不困难地来到网中，了解情况。于是，它发现了猎物，立即将它捆绑起来，然后，又去架设电极线，取代被我剪断了的那一根。它通过这条新丝桥，拖着战利品，回到隐蔽处。

这之后，我又对其电极线长达三米的粗壮的角形蛛进行了实验；后来，又对另一种圆网蛛——漏斗蛛进行了实验。这两次用的猎物是蜻蜓，实验的方法相同，结果也完全一样。实际上，各种蜘蛛都有这种捕猎所必需的电极线，不过，只是到了喜欢休息和长时间地打盹儿的年龄才会有。年幼的圆网蛛则没有，一来是因为它们比成年蜘蛛警觉，二来它们也没有掌握收发电极的技术。

再者，年幼蜘蛛编织的网存在的时间短，没等到第二天，就全都不能用了，所以没有架设电极线的必要。

埋伏着的蜘蛛的脚一直踩在电极线上，这样一来，它就可以不必总要强打起精神来时刻警惕着，可以安然地休息，用不着过分劳累，甚至背朝着网也能知晓网上的动静。我就观察过一只胖大的角形蛛，它在两棵月桂树中间编织了一张直径有一米的大网。阳光照射在网上，而角形蛛在黎明时分便已离开了网，躲藏在它白天休息的庄园里。我顺着那根电极线查过去，很容易地就发现了它的庄园。那是一个用几股丝连起来的枯叶建成的隐蔽所。此屋极深，角形蛛除了它那圆乎乎的屁股之外，身子全都隐蔽得看不见，而它那肥臀却把隐蔽所的大门堵了个严严实实。

它把前半身整个儿地藏进隐蔽所里，根本就看不到它的那张大网，即使它视力再好，而非弱视，它也无法看见猎物的。这并不说明在这阳光普照的时刻，它只顾歇息，不想捕获。我们再来仔细地观察一下，只见它的一只后步足伸到屋外来，而那根电极线就连在这只足的足尖上。突然间，有只猎物撞到网上，这只步足立刻接收到了震颤的消息，角形蛛睡意顿失，立即惊醒过来，冲了出去。那是我故意放上的一只蝗虫，引得它匆匆地赶来。它见了那只蝗虫后，非常满意，而我则因为刚才所获得的资料比它更加开心。

第二天，我切断了电极线。然后，我放了两个猎物（一只蜻蜓和一只蝗虫）在那张大网上。蝗虫那带刺儿的长腿拼命地踢蹬着，而蜻蜓的翅膀则一直在颤抖着，几片离蛛网很近的树叶，由于与蛛网框架的丝线连在一起也跟着摇动个不停。这么大的动静就发生在离角形蛛非常近的地方，可却没有引起它的注意，它根本就没有扭转身子来探看一下发生了什么事情。报警线断了，角形蛛成了睁眼瞎，什么都不知道了，整整一天，它就这么待着，一动不动。晚上8点光景，它爬出隐蔽所来重新织网时，才突然发现这两只天赐猎物。

另外，我也想介绍一下圆网蛛"洞房花烛夜"的情况。圆形蛛同其他昆虫一样，也要交配，也要繁衍子孙后代。不过，这虽然十分重要，可我也不想赘述，因为圆形蛛野性十足，它们神秘的一夜情，很容易变成悲剧性的葬礼。

说实在的，我只见过一次蜘蛛交尾，这我还得感谢我的胖邻居——角形蛛，是它给了我这次观察的机会，因为我经常要去拜访它。经过是这样的：8月的第一个星期，晚上9点来钟，天气晴朗，炎热无风。我的这位胖邻居还没织网，一动不动地待在悬挂丝上。此刻本应是忙着干活儿的时候，它却如此悠闲自在，我好不纳闷儿，觉得必定有什么事情发生。果不其然，我看到一只雄蜘蛛从附近的灌木丛中奔来，爬上了缆绳。来者是个侏儒，矮小瘦弱，却跑来向胖夫人献殷勤。这个小东西，待在偏僻的角落里，怎么会知道这儿会有一只已达适婚年龄的雌蜘蛛呢？夜深人静，没有呼唤，没有信号，它们是怎么了解到的？大孔雀蝶是闻到神秘的气息才从方圆几公里的地方飞到我的房间里来，拜访被我罩在玻璃罩下的雌性大孔雀蝶的。今晚的这个小家伙也是个夜间朝圣者，它越过乱七八糟的树叶，准确无误地直奔那位走钢丝的女杂技演员。它具有可靠的指南针在为它指引方向。它在悬挂丝缆上小心翼翼地一步一步地向前爬着，爬到一定的距离，它却停了下来。它在犹豫不决？它还会更靠近些吗？时机成熟了吗？不是的，只见雌蜘蛛举起了步足，来者便吓得连忙走下丝缆。过了一会儿，害怕的劲儿过去了，它又爬了上来，走得更近了些。它这么忐忑不安地来来回回地爬来爬去，正是热恋者一种求爱的表示。

坚持就是胜利。现在，它俩面对面地停住了：胖夫人一动不动，表情严肃凝重，而侏儒则显得十分激动。它竟然胆大包天，竟敢用脚尖去撩拨胖夫人。它也真是太过分了，自己也给吓了一跳，顺着挂在安全带上的垂直线突然坠落下去。这都是顷刻之间发生的事情。现在，侏儒又爬了上来。它心里有数，对方对自己的一再恳求有所让步了。

雌蜘蛛在雄蜘蛛的挑逗下，奇怪地跳开了，用前跗节抓住一根丝向后连翻了几个跟斗，如同体操运动员在单杠上向后滚翻一样。胖夫人这么一翻，大肚子的下部便呈现在侏儒的面前，后者便用触须去触碰了一下。就这么一下，事情便宣告结束了。侏儒见目的已经达到，便匆匆地逃走，仿佛有复仇女神在身后穷追不舍似的。

侏儒走了，新娘从悬挂丝缆上下来，织好网，准备捕猎。必须吃点东西才会有丝，有丝才能织网捕猎，才能织出安家的茧。因此，在洞房花烛夜，尽管心情激动，新娘却无暇歇息。

天 牛

年轻时，我曾经面对著名的肯迪拉克的雕像顶礼膜拜。肯迪拉克认为天牛具有很强的嗅觉，它嗅着一朵玫瑰花，然后仅仅依靠所闻到的香气，便能产生各种各样的念头。对于这种推理，我曾经一直深信不疑了整整二十来年，对于这位富有哲学思想的教士的神奇说教佩服得五体投地。我以为，只要嗅一下这个伟人的雕塑他就会活过来，能使我增强视觉、记忆、判断等方面的能力。然而，经我的良师——昆虫的耐心教导，我抛弃了这种幻想。昆虫所提出的问题比起教士的说教来更加深奥，更加使我受益匪浅。天牛将要告诉我的就是这种颇有教益的知识。

冬天即将来临，天老是灰蒙蒙的，这是冬日的明显前兆。我开始储备树干、木头，以备过冬取暖之用。我还向樵夫们订购了一些被蛀虫蛀得千疮百孔的朽木树干。樵夫们以为我是个傻子，暗地里嘲讽我。我当然知道好木头更经烧，但我自有用处，他们也就按照我的要求去做了。我有了一些满是虫眼的树干，有的是一条条伤痕，有的是一道道深沟，树枝被咬烂，树干遭啃啮。我观察到，在干燥的沟痕里，各种要过冬的昆虫都已经做好了宿营的准备。吉丁已经准备好了扁平的长廊；壁蜂用嚼碎的树叶在长廊里为自己修建好了房屋；切叶蜂在前厅和蛹室里用树叶做好了睡袋；我在这一章中要介绍的天牛正在多汁的树干里休憩着，它可是毁坏橡树的罪魁祸首。

　　天牛的幼虫非常奇特，它们就像是一段蠕动着的小肠子。每年仲秋时节，我都能看到两种年龄段的天牛幼虫：年长些的幼虫有一根手指头那么粗；年幼些的幼虫则粗如粉笔。此外，我也见到过颜色深浅各不相同的天牛蛹，以及一些完全成形了的天牛。它们的腹部都是鼓鼓的。待到春暖花开、天气暖融融的时候，它们就会爬出树干。它们在树干里大约要生活三年时间。天牛是怎么度过这漫长孤独的囚徒似的生活的呢？它们缓慢地在粗壮的橡树干内爬行，挖掘通道，以挖掘出来的东西充饥。天牛的上颚如同木匠的半圆凿，黑乎乎的，短短的，但却非常坚硬有力，虽无锯齿，但却像是一把边缘锋利的汤勺，是天牛用来挖掘通道的有力工具。被凿出来的木屑经幼虫消化之后被排泄出来，堆积在其身后，留下一条被啃噬过的深痕。幼虫一边在挖掘通道，一边在进食。随着工程的进展，道路开通了；随着残渣不断地阻断了后路，幼虫不断地向前。就这样，幼虫既获得了食物，又得到了安身之所。

　　天牛幼虫将肌体的全部力量都集中到身体的前半部，使之成为杵头状，这样，两片半圆凿形的上颚便可顺利地进行工作。上颚既然充当挖掘的工具，就必须有很强的支撑力。天牛幼虫便用围绕其嘴边的黑色角质盔甲来加固它那半圆凿形的上颚。除了这硬硬的上颚以外，其身体其他部位的皮肤却是非常细腻的，而且白如象牙。皮肤之所以如此细腻与洁白，全都是其体内所含之丰富脂肪导致的。确实也是，幼虫每天唯一要做的事就是不停地啃噬，不停地进入幼虫胃里的木屑，在不断地给它补充着营养。

幼虫的足分三个部分：第一部分呈圆球状，最后一部分为细针状，这两部分都是退化了的器官。它的足长只有一毫米，对于爬行并不起什么作用，因为身体肥胖，足够不着支撑面，连支撑身体都不能够，又怎么可以爬行呢？幼虫用来爬行的器官属于另一种类型。它既可以仰面爬行，也可以腹部冲下爬行，灵活自如。它用爬行器官取代了胸部那软弱无力的足。这种爬行器官与众不同，长在背部。

天牛幼虫有七个环节，上下长着一个满是乳突的四边形平面。这些乳突可使幼虫随心所欲地膨胀、突出、下陷、摊平。上面的四边形平面又一分为二，从背部的血管分开来；下面的四边形平面则看不出有两个部分。这就是天牛幼虫的爬行器官。如果幼虫想要往前，它便先把后部的步带鼓起来，也就是说，把背部和腹部的步带鼓起来，压缩前半部的步带。由于表面很粗糙，后面的几个步带便把身体固定在狭窄的通道壁上，以得到支撑。在压缩前面的几个步带的同时，它尽量地把身子伸长开来，缩小身体的直径，使它能够向前滑动，爬行半步。当它走完一步时，它还要在身体伸长之后，把后半部身子拖上前来。为此，幼虫必须让前部步带鼓胀起来，作为支点，同时，又让后部步带放松，让体节自由收缩。

幼虫凭借背部与腹部的双重支撑，交替收缩和放松身体，能够在自己所开凿的隧道里进退自如。但是，假如上方和下方的行走步带只能动用一个时，幼虫就无法前进了。假如把幼虫放在表面很光滑的桌面上，它便会慢慢地弯起身子，动弹个不停，一会儿伸长身子，一会儿收缩身子，总也无法向前爬去。等你把它放到有裂痕的橡树干上时，它便神气起来，因为橡树皮很粗糙，凹凸不平，像是被撕裂开来似的，它可以在上面从左往右、从右往左地缓缓地扭动身子的前半部，抬起，放低，一再重复这一动作。

这是幼虫最大的行动幅度。幼虫那已经退化了的足一直都没有动，一点作用也起不了。

如果说这些残肢废足作为成年天牛的前身而存在的话，成虫那敏锐的眼睛在幼虫身上却未见丝毫雏形。在幼虫身上，看不到任何微弱的视觉器官的痕迹存在。幼虫生活在树干内，黑漆漆的一片，视力又有何用？与此同时，幼虫也没有听觉。在橡树树干那黑暗的深处，没有任何声响，与视觉一样，听觉自然也失去了作用。如果谁对此心存疑惑，我们不妨来做一个实验，以便释疑解惑。我把树干剖开来，留下半截通道，便可以跟踪监视在树干里面正在劳作的居民。环境十分安静，幼虫忽而挖掘前方的长廊，忽而停下活计歇息一会儿。休息的时候，它便用步带将身子固定在通道的两壁上。我趁它休息之机，想测试一下它对声音的反应。我先用硬物互相敲击，继而用金属击打发出回响，最后改用锉刀锉锯子，但是却未见到天牛幼虫有什么反应。它对这种种声响无动于衷，既不见它的皮肤有任何的颤动，也不见它有何警觉的表现，即使我用尖尖的硬物刮擦它身旁的树干，模仿幼虫啃啮树干发出的声音，也都不能奏效。这就足以证明天牛幼虫毫无听觉。

那么，天牛幼虫是否有嗅觉呢？各种情况都在表明它不具有嗅觉。嗅觉只是作为寻找食物的辅助功能，但天牛幼虫却用不着费心劳神地去寻找食物。它的住所就是它的食物，它所栖身的木头就在向它提供活命的东西。另外，我也对此做过实验。我找了一段柏树，把树干挖了一条沟痕，直径与天牛幼虫所挖掘的长廊的直径一样大小，然后，我就把幼虫置于其中。柏树的气味浓重，具有大多数针叶植物所具有的那种很浓烈的树脂味。当我把幼虫放到那条沟痕里去的时候，它很迅速地便爬到了通道的尽头，然后就一动不动了。它这样静止不动不正是它没有嗅觉的证明吗？天牛幼虫长期生活在橡树干里，树脂这种独特的气味应该引起它的不适或厌恶的，它本应通过身体的颤动或逃跑的企图来表现自己的厌恶的，但是，它却并没有做出这种反应来。它在找到合适的位置时，便立刻停下脚步，待着歇息，一动不动了。然而，我又做了另外一个实验。我把一小包樟脑放在长廊里，离天牛幼虫很近，仍然未见它有什么反应。然后，我又用萘做了同样的实验，结果依然相同。做了这么多实验之后，我觉得天牛幼虫没有嗅觉是毋庸置疑的了。

当然，它肯定是有味觉的。只是这种味觉应该属于"残缺不全"的。天牛幼虫在橡树树干中一直生活了三年，其食物很单一，就是橡树木纤维，别无其他。那么，幼虫对这唯一的食物又会有什么评价呢？顶多也就是吃到新鲜多汁的橡树干时会觉得很鲜美，而吃到干燥无汁的树干时便觉得没太大滋味罢了。

剩下的就是它的触觉了。它的触觉点分布得很散，而且是被动的。任何有生命的肉体都具有触觉，一旦被尖刺儿刺着，就会觉得疼痛，就会抽搐、扭曲。总之，天牛幼虫的感觉只有味觉与触觉，而且还都非常迟钝。

我不禁在想，既然如此，那么天牛幼虫这种消化功能很强但感觉功能却极弱的昆虫，其心理状态又是由什么构成的呢？触觉与味觉会给那些已经退化了的感觉器官带来些什么呢？很少，几乎什么也没有。天牛幼虫只知道，好的木头有一种收敛性的味道，未经精心刨光的通道壁会刺痛皮肤，仅此而已。这就是天牛幼虫的智力所能达到的最大程度。而肯迪拉克却错误地认为，天牛具有很好的嗅觉，这是科学的一个奇迹，一颗灿烂的宝石。它可以回想往事，可以比较、判断，甚至推理。可是，现实中，这个几乎似睡非睡、似醒非醒的大腹便便的昆虫，它真的会回忆、会比较、会推理吗？我就认为天牛幼虫犹如一截会爬行的小肠而已，我觉得我的这一比喻十分贴切，天牛幼虫的全部感觉能力，就是一截小肠所能拥有的能力罢了。

　　不过，也别小看了这个小家伙，它虽然对自己现在的情况昏昏然，但却能预知未来，具有神奇的预测能力。对我的这一奇怪的观点，请读者允许我慢慢地道来。在整整三年的时间里，天牛幼虫在橡树干里过着流浪的生活。它爬上爬下，忽而在这里，忽而又在那里；为了另一处的美味，它会放弃眼下正在啃噬的木块，不过它始终不会远离树干深处，因为这儿温度适宜，环境幽静而安全。当危险的日子来临时，它将被迫离开隐蔽所，去面对外界的种种危险。光吃还不够，它还得离开自己的生活之地。天牛幼虫有着精良的挖掘工具和强健的身体，钻入另一处去躲灾避祸，对它来说并不犯难。但是，未来的成虫天牛将去外界度过它那短暂的时光，那么，它是否具有这样的能力呢？在橡树干内那幽暗的环境中诞生的长角昆虫，它知道替自己挖掘一条逃离的通道吗？

　　这就必须依靠天牛幼虫自己的直觉去解决这一难题了。我又做了点实验，以弄清这一问题。在实验中，我发现，成年天牛若想利用幼虫挖掘的通道从树干深处逃逸，是不可能的事。天牛幼虫的通道犹如一座迷宫，十分地复杂，非常长，不见尽头，而且还堆满了坚硬的障碍物，另外，其直径又是从尾部往前逐渐地在缩小。幼虫钻入橡树干时，只有一段麦秸那么长那么细，而此刻它已变得如手指头一般粗细了。它在树干里三年的挖掘工作，始终是根据自己的身体大小进行的。结果不言自明，幼虫钻入树干的通道和行动路线对于成年天牛的离去已经起不了作用。成年天牛触角很长，足也不短，而且其甲壳也无法折叠，原先的那条通道对它来说已经是一个无法逾越的障碍了；它若想以这通道为逃逸之路，就必须清除掉坑道内的障碍物，并且还要大大地拓宽通道。这么一来，倒不如另辟蹊径，挖掘一条新的通道来得便当一些。但是，成年天牛有这种能力吗？我们不妨做一实验来观察一番。我把一段橡树干一劈两半，并在其中挖掘出一些适合成年天牛的洞穴。在每一个洞穴中，我都放了一只刚刚变态了的成年天牛。这些天牛是我 10 月份从冬储木柴中发现的。

然后，我便把两半树干用铁丝紧紧地捆在一起。6 月已经来到。只听见树干里传出来敲击的声音。它们能够出来吗？它们是不是没法从里面逃出来呀？我原以为从里面逃出来对它们来说易如反掌，因为它们只要钻一个两厘米长的通道便可逃生了。可是，竟然未见一只天牛从树干里跑出来。等到树干里面听不见一点动静时，我颇觉蹊跷，便把捆着的树干松开，却发现里面的俘虏们全都死了。洞穴里只有一小撮木屑，还不足抽了一口烟的烟灰量。这就是它们的全部劳动成果。

我对成年天牛的上颚估计过高，以为它是无坚不摧的利器，但是，工具好并不一定就能造就一名好的工匠。尽管良好的挖掘工具在握，但长期隐居者却缺少技艺，只好在洞穴里等死。然后，我又找了一些成年天牛，对它们进行比较缓和的实验。我把它们拘于直径与天牛的天然通道的直径相同的芦苇管里。我找了一块天然隔膜作为障碍物，这隔膜很薄，只有三四毫米厚，一捅就破。经实验发现，有一些天牛能够从芦苇管里逃生，有一些则死于其中。这就说明，遇到障碍，勇往直前者胜。一个隔膜这么小小的障碍都闯不过去，待在坚硬的橡树干里岂不必死无疑。

从这些实验的结果来看，我相信，天牛成虫徒有其表，外强中干，靠自己的力量竟然无力逃离树干监牢。劈开逃生门，还得仰仗貌不惊人的肠子状的天牛幼虫的智慧。这种情况告诉我们，幼虫天牛在以另一种方式再现卵蜂的壮举。卵蜂的蛹身上带有钻头，为以后那长翅无能的成虫挖掘通道。天牛幼虫不知是由于何种神秘预感的驱动，离开其安然宁静的隐蔽所，离开其无法攻破的城堡，爬向橡树表面，不顾正在寻找美味多汁的昆虫的天敌对它的威胁。幼虫就这么冒着生命危险，勇敢无畏地挖掘着通道，一直挖到橡树表层，只留下一层薄薄的阻隔作为窗帘，遮挡自己。有些冒失的幼虫，甚至把这块窗帘捅破，干脆留出了一个洞口。这儿就是天牛成虫的出口，它只需用上颚和额角轻轻地一触，就能把窗帘捅破，得以逃生。刚才已经说了，有的幼虫连窗帘也不留，干脆就留出了一个洞口，天牛成虫无须劳作，便可直接逃离。每到春暖花开，天气转暖时，身披古怪羽饰、笨手笨脚的成虫便从黑暗中出来了。

天牛幼虫在把逃生之路准备完毕之后，又开始忙乎起眼前的活计来。

挖好逃生通道，它就退回到长廊中不太深的地方，在出口一侧，凿了一个蛹室。这间蛹室陈设豪华，壁垒森严，前所未见。蛹室为一扁椭圆形的宽敞的窝，长有近百毫米，扁椭圆结构的两条中轴长度不同，横向轴长二十五到三十毫米，纵向轴则只有十五毫米。这么大的空间，比成虫的体积要大，使成虫的足部可以自由伸展。当打破壁垒，逃出牢笼的时刻到来时，这样的蛹室是不会让天牛成虫感到任何不便的。

这儿所说的壁垒是指蛹室的封顶，那是天牛幼虫为了防御外敌入侵而建造的。封顶有两层或三层。外层由木屑构成，那是天牛幼虫挖掘树干时留下的残留物；里面的一层是一个矿物质的白色封盖，呈凹半月形。通常，在最内侧还有一层木屑壁垒与前两层连在一起。有了这种多层壁垒的保护，天牛幼虫便可在房间里踏踏实实地为变成蛹做准备工作了。天牛幼虫从房间壁上锉下来一条一条的木屑，这便是细条纹木质纤维的呢绒。天牛幼虫又把这些呢绒贴回到房间四周的墙壁上去，铺成壁毯，厚度几近一毫米。这就是天牛幼虫在自己蛹室墙壁上挂上的精细双面绒挂毯。

我们不难看出，天牛幼虫为了变成蛹，在不停地劳作，做了精心的准备。

我们再来看看这间房间布置得最奇特的那个部分——那层堵住入口的矿物质封盖。这个封盖是个椭圆形帽状封盖，呈白石灰色，系坚硬的含钙物质，内部十分光滑，外面呈颗粒状突起，犹如橡栗的外壳。这种颗粒状突起表明，这层封盖是天牛幼虫用糊状物一口一口地筑成的。封盖外部由于无法触碰到，幼虫无法加以修饰，因而凝固成了细小的突起。而内侧的那一面在天牛幼虫力所能及的范围内，所以被抹得光滑平整。这种封盖像钙一样，既坚硬又容易破碎。不用加热，它就能溶于硝酸，并且立即释放出气体来。不过，溶解过程却比较缓慢，一小块封盖往往需要几个小时的时间才能逐渐地溶化掉。溶化之后，剩下一些泛黄的沉淀物质，看上去像是有机物。如果对封盖进行加热，它就会变黑，足见其中含有可以凝结矿物的有机物。如果在溶液中加入草酸，溶液会变得浑浊，并留下白色沉淀。这种情况说明其中含有碳酸钙。我原想从中发现一些尿酸铵的成分，因为在昆虫变成蛹的过程中，常见有尿酸铵存在，可是，我在封盖的溶液里，并未发现有尿酸铵。因此，我可以认为，封盖仅仅是由碳酸钙和有机凝合剂构成的，这种有机物大概是蛋白质，使钙体变得十分坚硬。

我相信，天牛幼虫的胃部是分泌这些石灰质物质的器官，而这一能乳化的生理器官为它提供了钙质。胃从食物里把钙分离出来，或者直接得到钙，或者通过与草酸铵的化学反应来获得。在幼虫期结束时，它便将所有的异物从钙中剔除，并将钙保存下来，留作构筑壁垒之用。这一点并不令人惊讶，某些芫菁科昆虫，如西塔利芫菁，通过化学反应能在体内产生尿酸铵；飞蝗泥蜂、长腹蜂、土蜂等，就是在自己体内生产茧所需要的生漆的。

通道修筑完工，房间粉刷装饰完毕，用三重壁垒封好之后，灵巧而勤劳的天牛幼虫便完成了自己的使命，挖掘工具也完成了其历史使命，它便进入了蛹期。襁褓状态之下的蛹十分虚弱，躺在柔软的睡垫上，头始终冲着门的方向。这一点看似无关紧要，实际上却是至关重要的。天牛幼虫身子柔软，伸缩翻转，随心所欲，因此，在这间小房间里，头无论朝向何方，都无伤大雅。可是，从蛹中出来的天牛成虫却没有随心所欲地翻来倒去的自由，它浑身披挂着坚硬的角质盔甲，无法在小房间内将身体从一个方向转向另一个方向，甚至因房间太狭小，连弯曲一下身子都办不到。所以，它的头必须始终冲着出口，否则便会在自己所建造的囚室里等死。

不过，不必担心有这种意外发生，因为这节小肠素来知晓未雨绸缪，早就为将来做好了准备，不会出此差错，头朝里地进入蛹期的。到了该出洞的时节，向往光明的天牛面前没有太大的障碍，只不过是一些细碎的木屑，扒拉几下便可以清理掉的。然后，便是那层石质封盖，它也用不着费心乏力地去把它打碎，只要用其坚硬的前额这么一顶，或者用足这么一推，封盖便会整体松动，从框框里脱落。我发现，被弃置的封盖全都完好无损。最后就是那第二层壁垒了，是木屑构成的，这更不在话下，比第一层更加容易清除。这么一来，通道畅通，天牛成虫只要沿着通道便可准确地爬到出口。如果窗帘没有掀开，它只需用牙一咬，那薄薄的窗帘也就破了，这对它来说易如反掌。它终于走出了黑暗，见到了光明，长长的触须激动得不停地颤抖着。

萤火虫

　　在我们这个地区，萤火虫可谓无人不知，无人不晓，没有什么昆虫像它那么家喻户晓了。这个人见人爱的小东西，为了表达生活的欢乐，竟然在屁股上面挂了一只小小的灯笼。炎热的夏夜里，没有人没见过它的。古代希腊人把它称之为"朗皮里斯"，意为"屁股上挂灯笼者"；法语中则称它为"发光的蠕虫"。其实，萤火虫绝对不是什么蠕虫，即使是从外表上来看，它也不像蠕虫。它有六只短小的脚，而且十分明白如何使用自己的脚。它是可以用小碎步奔跑的昆虫。雄性萤火虫发育完全后，如同真正的甲虫一样，长着鞘翅。但雌性萤火虫却无此造化，享受不到飞翔的快乐，终身保持着幼虫的形态。不过，雄性萤火虫在尚未到达交尾期之前，形态也是不完全的。即使如此，称它为"蠕虫"也是不恰当的。法国有句俗语，叫"像蠕虫一样一丝不挂"，用以形容身上未穿任何保护性的衣物，但是，萤火虫可是穿着衣服的，也就是说它有略为坚韧的外皮，而且它还有斑斓的色彩，身体呈棕色，胸部呈粉红色，环形服饰的边缘还点缀着两个红红的小斑点。这哪儿会是蠕虫呢？

我们先来看看萤火虫以什么为生吧。萤火虫看上去既小又弱，像是与他人无害，可它却是最小的食肉动物，是猎取野味的猎手，而且捕猎时还相当狠毒。它的猎物通常是蜗牛。昆虫学家们早已知道萤火虫的这一习性。但是，我从他们书中的介绍中，总感到人们对这一点了解得很不充分，特别是对萤火虫奇怪的攻击方法，几乎是一无所知。

萤火虫在啃啮猎物之前，先将它麻醉，使之失去知觉。它的猎物通常是很小的蜗牛，个头儿还没有樱桃大，是处于变形状态的蜗牛。夏日里，这种蜗牛一大群一大群地聚集在稻子和麦子的茎秆上，或者其他植物干枯的长茎上，在上面一动不动地待上整整一个炎热的夏季。正是在这种时候，猎物处于这种状态中，我不止一次地观察到萤火虫对猎物发动攻击，对之施以灵巧的外科麻醉手术，使猎物在颤动着的茎秆上昏死过去，然后，对之下口，美餐一顿。

萤火虫对其猎物的其他藏身处所也了如指掌。它经常飞到沟渠旁边，因为那儿土地潮湿，杂草丛生，是蜗牛喜爱的栖身之所。在这种情况之下，萤火虫便在地上对蜗牛施以麻醉手术。我在家中也饲养了一些萤火虫，它很容易被捕捉到，也很容易喂养，因此，我可以仔细地观察研究这位外科医生做手术的详细过程。

我在一个大玻璃瓶里放上一些草，把捉到的几只萤火虫和几只蜗牛也放了进去。蜗牛个头儿正合适，不大不小，正在等待变形，正符合萤火虫的口味。我寸步不离地监视着玻璃瓶中的情况，因为萤火虫攻击猎物是瞬间发生的事情，不高度集中精力，必然会错过观察的机会。我终于发现是怎么个情况了。萤火虫稍微探了探捕猎对象。蜗牛通常是全身藏于壳内，只有外套膜的软肉露出一点点在壳的外面。萤火虫见状，便立刻打开它那极其简单、用放大镜才能看到的工具。这是两片呈钩状的颚，锋利无比，细若发丝。用显微镜观察，可见弯钩上有一道细细的小槽沟。这就是它的工具。它用这种外科手术器械不停地轻轻击打蜗牛的外膜，其动作不像是在做手术，而像是在与猎物亲吻。用孩子们的话来说，它像是在与蜗牛"拉钩"。它在"拉钩"时，有条不紊，慢条斯理，不慌不忙，每拉一次，都要稍事休息片刻，似乎是在观察"拉钩"的效果。它"拉钩"的次数并不多，顶多五六次，就足以把猎物制服，使之动弹不得。然后，它就要动嘴进食了，它很可能也是要用弯钩去啄，因为我几次都未观察清楚，所以对这一点我说不太准。总之，萤火虫在施行麻醉手术时，动作麻利，立竿见影，快如闪电，不用问，它利用带细槽的弯钩已经把毒液注入蜗牛体内，使之昏死过去。

我检查了一下猎物。在萤火虫与蜗牛拉了四五下钩之后，我便立即从它口中夺下它的猎物，用针尖刺蜗牛的前部，亦即缩在壳内的蜗牛所暴露在外的身体。我没看到它有任何反应，仿佛一具没了生气的尸体。

我还发现一个令我信服的例子。有一次，我幸运地看到一只蜗牛正在爬行，其足正在蠕动着，突然，萤火虫向它发动了袭击。蜗牛十分惊慌，乱动了几下，然后便一动不动了。它的脚不再爬行，身体的前部也失去了如同天鹅脖颈般优美的弯曲状，触角软软地耷拉下来，如同一只折断的手杖。它一直保持着这种状态。

蜗牛是否真的被蜇死了呢？没有，根本没有。我可以让这只表面上看似已死的蜗牛活过来。我把这位处于半死不活状态下的病人隔离开来，给它洗了个澡，尽管这对于取得实验的成功并非绝对必要。

两天过后，这只被萤火虫施以麻醉手术的蜗牛终于复活了，它又能动弹了，又有感觉了。我用针尖刺它，它有反应，它开始蠕动，爬行，伸出触角，仿佛什么危险都没有发生过，像个没事人似的。那种昏昏沉沉、如死一般的全麻状态已经消失，它苏醒过来了。

对于蜗牛这样的一个与世无争、平和温顺的对手，萤火虫有何必要先对之施以麻醉手术呢？这使我想起了另一种昆虫，名叫德里尔虫，生活在阿尔及利亚。这种昆虫虽说不会发光，但其身体结构，尤其是在习性方面，与法国的萤火虫颇为相似。德里尔虫以陆生软体动物为食，它所捕食的是一种圆口类的动物。这种动物有着美丽雅致的陀螺形外壳。一块结实的肌肉把一个石质封盖固定在这种圆口类动物身上。这个石质封盖把甲壳闭合得严严实实。这个封盖是个活动的门。居于甲壳内的隐居者只需缩回身子，封盖便立即盖上。当隐居者想要外出时，此门也很容易打开。德里尔虫被黏附器（我们下面将会看到萤火虫也具有这种同等器具）固定在蜗牛的甲壳表面，耐心地等待着、窥伺着，等着甲壳里面的蜗牛憋不住，露出身子，便立刻冲到门边，把门挡住，使门关闭不上，自己则进入门内，占领这个城堡。我并没有经常见到这种德里尔虫，但我认为，它的进攻策略与我们的萤火虫颇为相似。它钻进甲壳内，身子扭动几下，里面的隐居者也就丧失了反抗的能力。

我们还是回过头来谈谈我们的萤火虫吧。如果蜗牛在地上爬行，甚至就龟缩在壳里，萤火虫袭击它是很容易的事，因为蜗牛的壳没有封盖，而且，蜗牛身体的前部暴露在壳外，因此它无法自卫，很容易被伤害。即使蜗牛待在高处，紧贴在一棵禾本植物的茎秆上，或者紧贴在一块光滑的石头上，袭击者无从下手，但是，只要是这个外界的封盖稍有缝隙，它仍然难逃厄运。

萤火虫施以麻醉手术时，总是非常小心、轻手轻脚地对待它的猎物，不想引起对方的注意，免得它挣扎、乱动，从高处掉到地上。如果猎物掉到地上，萤火虫也就不会再想方设法地寻找它了，因为它只是依靠运气去捕捉落入口中的猎物，而不想费心劳神地去寻来找去。因此，萤火虫在发动袭击的时候从不掉以轻心，总是小心谨慎地不让猎物感到疼痛，使其肌肉失去反应，否则猎物便会从高处掉下来，到嘴的猎物便化为乌有了。由此不难看出，突然对猎物施以深度麻醉，一击即中，是它捕捉猎物的绝招。

萤火虫如何享用其猎物呢？它是不是真的在吃它？也就是说，它是不是把蜗牛切成细小的碎块，然后用自己所谓的咀嚼器把它们嚼烂、咽到肚子里去？我看并非如此。我所捕捉到的萤火虫，嘴上从未发现有固体食物的碎渣细末什么的。萤火虫所谓的"吃"，并不是真正意义上的那种吃，而是吮吸，如同蛆虫那样，把猎物化为汁液，然后吸入肚里。与双翅目昆虫爱吃肉的幼虫一样，萤火虫也是先把猎物变为流质，对之进行液化处理、加工，然后食用。我把我所见到的萤火虫"吃食"的过程介绍如下：

萤火虫对蜗牛施行了麻醉。它几乎总是单独操作，即使是遇到一只个头很大的蜗牛，它也不找助手。在它施行完麻醉手术后，总会有宾客不请自来，两三位，四五位，甚至更多。众宾客来到餐桌前，与食物的真正主人并无纷争，毫不客气地尽情享用，不分彼此。两天后，主人与食客都离去了，我便把蜗牛壳口冲下翻倒过来，只见壳里的东西如同锅口朝下倒浓汤似的，全流了出来。主客吃饱喝足了之后，不屑一顾地把残羹剩饭给撇下了。

事情很明显，我先前所说的"拉钩"之后，也就是萤火虫东一口西一口地轻轻拍击蜗牛之后，蜗牛昏死过去，然后，众宾客齐上阵，都在用特有的消化素对猎物进行加工，最后，蜗牛肉便变成了蜗牛肉粥，接着，大家便一起尽情享用，尽兴而去。这样看来，萤火虫嘴上的那两只弯钩外表看上去并无保护层，是其进攻猎物的利器，刺入对方体内，注入麻醉药剂，并使对方的肉质液化，而这麻醉药剂很有可能就是萤火虫的体液。在放大镜下仔细地进行观察，可以很清楚地看到它的这种微型器械，可我感到它们却不像是钩子。它们的中心是空的，与蚁蛉的那对工具颇为相似；蚁蛉就依靠这种工具吸食猎物的肉，而并不把猎物肉切成小细块。不过，萤火虫又与蚁蛉的表现颇为不同：蚁蛉用餐完毕，会从沙地的漏斗状陷阱中抛出大量的丰盛食物；而萤火虫有液化装置，绝不糟蹋食物，或者说，几乎不糟蹋食物。二者掌握着类似的工具，但是，一个是用来吮吸猎物的血液，而另一个则采用液化设备，使食物变成流质，全部食之。

有时候，蜗牛所处的位置不太好，难以保持平衡，但是，萤火虫毕竟动作敏捷，不以为然，干净利落地就处理完了。我透过喂养着萤火虫的那个大口玻璃瓶，清楚地看到了全过程。大口瓶上盖着一块玻璃，蜗牛沿着玻璃瓶内壁往上爬，一直爬到瓶口边沿，停了下来，用少许黏液把壳体粘挂在那儿。它只是在那做短暂的停留，所以舍不得用太多的软体组织所生产的胶粘剂。这样一来，只要稍微地震动一下瓶子，蜗牛壳口就会松脱，从粘连的地方摔到瓶底。

我看到瓶子里的那只萤火虫也在不断地往高处爬去，爬到蜗牛暂时停留的地方。它依靠某种攀缘器官在沿着瓶子内壁爬着，这种攀缘器官弥补了此刻萤火虫足爪的功能缺陷。萤火虫已经来到了蜗牛的身旁，找到了一处可以下手的缝隙，便轻轻地拍击了几下躲在缝隙内的蜗牛，使之昏死过去，随即开动其液化装置，使蜗牛肉变为蜗牛肉汤，美美地吮吸起来。

当萤火虫吃饱喝足之后，蜗牛就剩下一个空壳了，肉没有了，汤也没有了。但是，这只空壳虽然只用了少许黏液粘在玻璃上，却并未开胶，仍然牢牢地粘在那里，没有丝毫的移位。壳中的那个隐居者没有挣扎，没有反抗，一点一点地从固态变成了液态，全都从萤火虫开始发起攻击的那个点上流了出来，流得干干净净。

由此，我们不难看出，萤火虫的麻醉手术之高超、快速，简直是让对方防不胜防。而且，我们还可以看出，萤火虫吃蜗牛的手段之奇妙，让人叫绝，都没有让蜗牛空壳从极其光溜而又垂直的玻璃瓶内壁上掉落下来，甚至都没让只有些许胶粘着的空壳有丝毫的晃动、移位，这真是不可思议。

　　萤火虫要在玻璃上或草茎上攀爬，它的又短又笨的爪子显然是无法承担这一重任的，必须拥有一种特殊的工具。这种特殊工具必须不怕光滑，能攀住无法抓住的物体。萤火虫确实拥有这种特殊工具。它的后腿末端有一个白色的点，用放大镜仔细观察，可以看到那上面约有十二根很短小的肉刺，它们有时收拢起来，缩成一团，有时却又伸展开来，好似玫瑰花瓣。这就是它用来吸附并移动的器官。萤火虫想要把自己附着在某个地方，甚至是个极其光滑的表面上，比如固着在禾本植物的茎秆上，它就把这十二个短小的肉刺展开，呈玫瑰花瓣状，牢牢地铺展在所吸附的物体上，用自己的身体的黏性把自己紧紧地贴附在支撑物上。这个特殊器官通过抬高和放低，张开和闭合，帮助萤火虫行走。总而言之，萤火虫可以说是一个双腿残疾者，它在自己的后腿上放上一朵漂亮的白色玫瑰花，一种没有关节、可向四下里活动的有十二个趾肢节的爪子，而这种管状的趾肢节，并非抓住而是黏附着物体。这个器官还有一个用途，它可以当作海绵和刷子来使用。萤火虫在进餐之后，便用这把刷子刷头、背、尾及两侧。它之所以全身上下地刷来刷去，是因为它的脊椎很柔韧，可以弯来弯去，哪儿都能够得着。萤火虫在这儿对全身进行擦拭时，非常仔细，一处不漏，足见它对这种运动颇感兴趣，乐此不疲。它这样做的目的究竟是什么呢？很显然，它这是要擦去沾在身上的灰土或者蜗牛肉的残渣剩汤。如果萤火虫只会像亲吻似的轻拍蜗牛，对它施以麻醉手术，而没有其他什么本领的话，那它也就不会这么出名，这么家喻户晓了。它真正名扬四海的原因，是它能在尾部亮起一盏明灯。我们来特别仔细地观察一番雌性萤火虫吧。它在达到婚育年龄，在夏季酷热期间发出亮光的过程中，一直保持着幼虫状态。它的发光器在腹部的最后三节处。其中前两节的发光器呈宽带状，另外一个组群是最后一个体节的两个斑点。具有那两条宽带的只有发育成熟了的雌性萤火虫；未来的母亲用最绚丽的装束来打扮自己，擦亮了这光灿灿的宽带，以庆贺自己的婚礼，而在这之前，自刚孵化时起，它只有尾部的那个发光斑点，这种绚丽的彩灯显示着雌性萤火虫那惯常的身体变态。身体的变态使之长出翅膀，能够飞翔，从而宣告其生理演变过程的结束。这盏亮灿灿的灯点亮时，还标志着其交尾期即将来临。这之后，雌性萤火虫就没有翅膀了，不能再飞翔，一直保持着这种幼虫的可怜的卑屈形态，但是，它那盏明灯却始终亮着。

　　雄性萤火虫则有所不同，它得到了充分的发育，改变了形态，拥有着鞘翅和翅膀。与雌性一样，从孵化时起，它的尾部就有这盏明灯。总之，萤火虫不管是雌性还是雄性，不管是处在发育时期的什么阶段，其尾部均可发光，这就是整个萤火虫大家族的一大特点。而且，这个发光点从背部或腹部都可以看见，但只有雌性萤火虫才有那两条宽带，才在腹部下面发光。

　　我的手和眼仍然很听使唤，做起解剖来还算得心应手，因此，我想解剖一下萤火虫的发光器官，以便彻底搞清楚其构造。我终于成功地把一根发光宽带的大部分给剥离开来。我在显微镜下仔细地观察了这条宽带，发现其上有一种白色涂料，系极其细腻的黏性物质构成的。这白色涂料显然就是萤火虫的光化物质。紧靠着这白色涂料，有一根奇异的气管，主干很短但很粗，下面长了不少细枝，延伸至发光层上，甚或深入到体内去。发光器受到呼吸气管的支配，发光是氧化所导致的。白色涂层提供可氧化的物质，而长有许多细枝的粗气管则把空气分送到这物质上。现在，我很想搞清楚这个涂层的发光物质究竟为何物。起初，人们以为那是磷，还把它加以燃烧，以化验其元素，但是据我所知，这种办法并没获得理想的效果。显然，磷并非萤火虫发光的原因，尽管人们有时把磷光称为萤光。这个问题的答案肯定不在这里，而是另有原因。

萤火虫能够随意地散布它的光亮吗？它能否随意地增强、减弱、熄灭其亮光？它怎么做的呢？它有没有一个不透明的屏幕朝着光源，把光源或遮住或暴露呢？现在，我们对这个问题已很清楚，萤火虫并没有这样的器官，这样的器官对它来说是没有用的，它拥有更好的办法来控制它的明灯。若想增强光的亮度，遍布光化层的光管就会加大空气的流量；如果它把通气量减缓甚至停止供气，亮度就变弱，甚至灯会熄灭。总之，这个机理犹如油灯的机理，其亮度是由空气进入灯芯的量来调节的。

遇到激动的情况，气管就运作起来，灯也就亮了。需要加以区别的是光带和尾灯这两种情况。其一，发光的是那漂亮的宽带，亦即已到婚育年龄的雌性萤火虫的独特饰物；其二，也就是那盏尾灯，萤火虫无论雌雄，无论长幼，都在其最后一个体节上点着一盏小灯。在这后一种情况下，由于突然的惊恐不安，萤火虫的情绪发生变化，这盏尾灯或完全地或近乎完全地熄灭。我在夜晚曾经捕捉过萤火虫，眼见那盏尾灯在草上发着亮光，可是，只要我稍不留神，碰着了那棵草，草一晃动，灯就立即熄灭了，我想要捕捉的这只昆虫也就不见了踪影。但是，发育完全的雌性萤火虫身上的宽光带，即使受到惊吓，也毫无影响，照样亮着。

我捉了几只雌性萤火虫，把它们关进笼子里，放到屋外，笼子旁边放了一把枪。我放了一枪，但枪声并未产生效果，宽带依旧在发光，与没有放枪前一样明亮。然后，我又用喷雾器把水雾喷洒到它们身上，它们身上的光带依然光亮闪闪，没有一盏灯熄灭，顶多也就是亮度上有短暂的减弱而已，而且也只是个别的雌性萤火虫这样，并不是每只都如此。我猛抽了一口烟斗，把烟吹进笼子里，光带的亮度倒是更加弱了，甚至灭了一会儿，但时间非常短暂。很快，萤火虫便平静下来，恢复了常态，灯又亮了起来，而且比先前还要明亮。这之后，我又用指头抓住它，把它翻过来掉过去地折腾，又轻轻地摆弄它，只要是捏得不太重，它照旧在发光，亮度也保持不变。即将处于交尾期的萤火虫，对于自己灯的光亮十分沾沾自喜，没有极其严重的情况发生，它们是不会把自己的灯完全熄灭掉的。

从各种实验的结果来看，极其明显的是，萤火虫是自己在控制着身上的发光器，它可以随意地使之或亮或灭。不过，在某种情况之下，有无萤火虫的调节都无关紧要。我从其光化层上弄下来一块表皮，把它放进玻璃管里，用湿棉花把管口堵住，免得表皮过快地蒸发干掉。只见这块表皮仍在发光，只不过其亮度不如在萤火虫身上那么强而已。在这种情况下，有无生命并不要紧。氧化物质，即发光层，是与其周围空气直接接触的，无须通过气管输入氧气，它就像真正的化学磷一样，与空气接触就会发光。还应该指出的是，这层表皮在含有空气的水中所发出的亮光，与在空气中所发出的亮光的一样。不过，如果把水煮开，沸腾，没了空气，那么表皮的光就熄灭了。这就更加证明，萤火虫发光是缓慢氧化的结果。

萤火虫发出来的光呈白色，很柔和，但这光虽然很亮，却不具有较强的照射能力。在黑暗处，我用一只萤火虫在一行印刷文字上移动，可以清楚地看出一个个字母，甚至可以看出一个不太长的词儿来，但是，在这小小的范围之外的一切东西，就看不见了，因此，夜晚以萤火虫为灯看书，那是不可能的。

如果把一群萤火虫放在一起，彼此紧挨着，每只萤火虫都放着光，那么，它的光就会通过反射而照亮旁边的萤火虫，我们似乎也就能够看清一只只萤火虫了。但是，事实又并非如此。这群萤火虫只是杂乱无章地聚集在一起，就算彼此离得很近很近，我们也无法看清萤火虫的模样，因为这所有的亮光把萤火虫全都混在了一起，成了模模糊糊的一片。我通过照相技术非常清楚地证实了这种情况。我用钟形金属网罩罩住二十来只充分发光的雌性萤火虫，把它们置于露天地里。罩子里，有一丛百里香插在其中央，形成一片小林子。夜晚时分，那二十来只雌性萤火虫全都爬到罩子顶上去了；它们在竭力地朝各个方向展示着它们那发光的服饰。因此，沿着百里香小枝形成了一串串的花序。我指望这一串串花序能够对相板和相纸产生作用，但是，我却未能遂愿，只得到了一些不成形的白色斑点，根据萤火虫群体的不同情况，有些地方浓些，有些地方浅些，而萤火虫的模拟斑点却一点也没有显现，连百里香丛的痕迹也没有显现出来。因缺乏充足的光照，美妙如画的光彩只显现出一团模糊不清的黑乎乎的水浆似的东西来。

由此看来，雌性萤火虫的灯光并不是用来照明的。那么，它到底是干什么用的呢？我想，它是用来召唤情郎的。但是，雌性萤火虫的灯是在其肚子下面冲着地面发光的，而雄性萤火虫则是在随意乱飞，它是在上面，在空中，有时是在老远的地方往下看的，应该说它是看不见雌性萤火虫的那盏灯的。但是这种不正常的情况却被巧妙地予以纠正了。雌性萤火虫自有其高明的调情手段。每天晚上，天完全黑下来的时候，被我拘于钟形罩里的囚徒们就去到我用来作为监狱的百里香丛中。到了这个花丛中，它们便爬到显现得很清楚的细枝上，不像在灌木丛下时那样老老实实、安安生生地待着，而是在那儿做着激烈的体操运动，一个个把小屁股扭来扭去，一颤一颤地，朝这边扭一下，再朝那边扭一下，把灯光向各个方向打去，这么一来，寻偶求欢的雄性萤火虫从附近经过时，无论是在地上还是在空中，肯定都能看到这盏随时都在亮着的灯。这一招儿，有点像旋转镜子捕捉云雀的运作方式。这面旋转小镜静止不动时，云雀对它并无什么反应，但是，它只要一旋转起来，把它的光弄成了迅速闪动的碎裂的光亮，云雀见了就会激动起来。

雌性萤火虫自有其召唤求欢者的绝招，而雄性萤火虫也不甘示弱，它有一种光学器具，能够老远就看到雌性萤火虫那盏灯所发出的最微弱的光。其护甲胀大成盾形，大大地超出了头部，像帽檐或灯罩似的伸向前去，它的作用就在于缩小视野，把目光集中于需识别的光点上去。而在其颅顶下面长着两只大眼睛，非常鼓凸，呈球冠形，彼此接近，中间只有一条狭窄的槽沟，以便收放触须。它的这个复眼几乎占据了它的整个面孔，缩在大灯罩所形成的空洞里，真像基克洛普斯 ① 的眼睛。

雌雄交配的时候，那盏灯的灯光会变弱，几近熄灭，只有尾部那盏小灯还亮着。春暖花开、暖意融融时节，田野里，昆虫们都在求欢寻爱，低吟婚庆颂歌，陶醉于男欢女爱之中，萤火虫的这盏尾灯虽能通宵达旦地发亮，也没有哪位去注意它的，不会发生任何的危险。待交配完毕，萤火虫便立刻产卵，它们并无夫妻感情，没有什么家庭观念，没有慈母之爱，它把白白的圆圆的卵产在——或者更确切地说是抛撒在——随便什么地方。

有一点却是非常奇怪的：萤火虫的卵，甚至还在其母的体内时就会发光。如果我在捕捉时，一不小心捏破了雌性萤火虫那装满了卵的肚子，就会看到一道道汁液，闪闪发光地流到我的指头

---

① 基克洛普斯：古希腊传说中的独眼巨人，掌管雷霆。

上，好像我把一只装满磷液的囊给捏破了似的。我用放大镜仔细地进行了观察，确实是被挤出卵巢的虫卵所发出的光亮。此外，临产时，卵巢里的萤光已经显现出来了，雌性萤火虫肚皮表面已经透出一种柔和的乳白色的光。卵产下不久就会孵化。雌性和雄性萤火虫幼虫的尾部都有一盏小灯。寒冬将至时节，幼虫钻到地下不太深的地方，顶多也就是三四寸深。我在大冬天里从地下挖出过几只幼虫，发现它们的尾灯一直亮着。4月将要来临，天气转暖，幼虫便钻出地面，继续完成其变化过程。

总而言之，我通过观察研究得知，萤火虫自生下来之日起，一直到寿终正寝时止，都一直在发光。它的卵在发光；它的幼虫在发光；雌性萤火虫亮着的是华丽的灯；雄性萤火虫保留着幼年时期的那盏已有的小灯。对于雌性萤火虫的光带的作用，我可以说是已经有所了解，但是，它的尾灯又是干什么用的呢？我很遗憾地说，我尚不得而知。昆虫物理学要比我们书本上的物理学更加深奥，这个问题可能在很长的时间里，甚至在永远的将来，也会是个不解之谜。

田野地头的蟋蟀

谁想观看蟋蟀产卵都用不着做什么准备工作，只要有点耐心就行。布丰 [1] 说，耐心是一种天赋，我却谦虚地称之为观察者的优秀品质。4 月份，最迟 5 月份，我们给它们配对，单独放在花盆里，放一层土，压实。食物只是一片莴苣叶，要常常换上新鲜的。花盆上盖上一块玻璃，以防它们跳出来跑掉。

这种装置简单有效，必要时还可以加一个金属网罩，那就更加高级了，这样我们就可以获得一些极其有趣的资料了。我们以后再谈这些。眼下，我们要盯着看它产卵，必须时刻警惕着，不让有利时机溜掉。

我持之以恒的观察有了初步满意的结果是在 6 月的第一个星期。我突然发现母蟋蟀一动不动，输卵管垂直地插入土层里。它并不在意我这个冒失的观察者，久久地待在那同一个点上。最后，它拔出输卵管，漫不经心地把那小孔洞的痕迹给抹掉，歇息片刻，溜达了一会儿，随即便在花盆内它的地界儿里继续产卵。它像白

---

① 布丰（1707—1788）：法国博物学家、作家、进化思想的先驱者，著有《自然史》。

额螽斯一样重复干着，但动作要慢得多。二十四小时之后，产卵似乎结束了。为了保险起见，我又继续观察了两天。

于是，我翻动花盆的土。卵呈淡黄色，两端圆圆的，长约三毫米。卵一个一个地垂直排列于土里，每次产卵的数目不等，有多有少，相互靠紧在一起。我在整个花盆的两厘米深的土里都能发现卵。我用放大镜勉为其难地尽量数清土里的卵，我估计一只母蟋蟀一次产卵有五六百个。这么多的卵肯定不久就会被大量淘汰。

蟋蟀卵真像个绝妙的小机械。孵出后，卵壳似一只不透明的白筒子，顶端有一个十分规则的圆孔，圆孔边缘是一个圆帽，作为孔盖用。圆帽并非由新生儿随意顶开或钻破的，而是中间有一条特别线条，闭合不紧，可自动启开。看卵孵出会挺有趣的。

卵产下之后大约半个月，前端出现两个又大又圆的黑黄点，那是蟋蟀的眼睛。在这两个圆点稍高处，在圆筒子的顶端，出现一条细小的环状肉。卵壳将从这儿裂开。很快，半透明的卵就能让我们看到婴儿那孵化中的小样儿。这时候就必须倍加小心，增加观察次数，尤其是早晨。

幸运垂青耐心的人，我的孜孜不倦终于有了报偿。稍稍隆起的肉在不停地变化着，出现了一拱就破的一条细线。卵的顶端被其中的婴儿的额头顶着，顺着那条细肉线抻着，像小香水瓶一样微微启开，分落两旁。蟋蟀便像小魔鬼似的从这个魔盒中钻出来了。

小魔鬼出来之后，壳儿还鼓胀着，光滑而完整，呈纯白色，圆帽挂在孔口。鸟蛋是由雏鸟喙上专门长着的一个硬肉瘤撞破的；蟋蟀的卵则是一个高级小机械，犹如一只象牙盒子似的自动启开。小蟋蟀额头一顶，铰链就启动，壳就张开了。小蟋蟀一脱掉身上的那件精细外套，浑身发灰，几近白色，立刻便与上面压着的土搏斗开来。它用大颚拱土；它蹬踢着，把松软的碍事的土扒拉到身后去。它终于钻出土层，沐浴着灿烂的阳光，但它如此瘦小，不比一只跳蚤大，在弱肉强食的世界上经历风险。二十四个小时，它体色变化，成了一只漂亮的小黑蟋蟀，乌黑的颜色可与成年蟋蟀一争高下。原先的灰白色只剩下一条白带围在胸前，宛如牵着婴孩学步的背带。

它十分敏捷，用它那颤动着的长触须在探查周围空间；它奔跑，蹦跳，开心得很，以后体态发胖就没这么欢蹦乱跳的了。它年幼胃嫩，该给它吃些什么呢？我全然不知。我像喂成年蟋蟀一样，拿嫩莴苣叶喂它。它不屑吃，或者也许是吃了点而我没看出来，因为它咬的印迹不明显。

不几天工夫，我的十对蟋蟀大家庭成了我的一大负担——一下子就是五六千只小蟋蟀，当然是一群漂亮的小家伙，可我对如何照料它们一无所知，这叫我如何是好。啊，我可爱的小家伙们，我将给予你们充分的自由，我将把你们托付给大自然这个至高无上的教育者。

我就这么办了。我找到花园里最好的一些地方，把它们这儿那儿地放生一些。如果它们一个个都活得很好，明年我的门前会有多么美妙动听的音乐会呀！但是，这美景并未出现，可能不会有什么美妙动听的音乐会了，因为母蟋蟀虽然大量产仔，但随之而来的是凶残的杀戮。幸存下来的很可能只有几对蟋蟀。

首先奔来抢掠这天赐美味、大开杀戒的是小灰壁虎和蚂蚁。尤其是蚂蚁这个可恶的强徒，它们恐怕不会在我的花园里给我留下一只蟋蟀的。它抓住可怜的小家伙们，咬破它们的肚皮，疯狂地大嚼一通。啊！该死的恶虫！可我们一直把它视为第一流的昆虫呢！书本上在赞扬，对它还赞不绝口；博物学家们把它们捧上了天，每天都在为它们锦上添花。动物界同人类一样，让自己威声远扬的办法有千万种，但最可靠的办法则是损人利己，这是千真万确的道理。

谁都不了解弥足珍贵的清洁工食粪虫和埋葬虫，可吸血的蚊虫、长毒刺凶狠好斗的黄蜂以及专干坏事的蚂蚁却无人不知无人不晓。在南方的村子里，蚂蚁毁坏房屋椽子的热情如同它们掏空一棵无花果树一样。我无须赘述，每个人都能从人类的档案馆中找到类似的例证：好人无人知晓，恶人声名远扬。

由于蚂蚁以及别的一些杀戮者的无情屠杀，我花园中开始时数量多多的蟋蟀日渐稀少，使我的研究难以为继。我只好跑到花园以外的地方去进行观察了。

8月里，在尚未被三伏天的烈日烤干的草地上的一小块绿洲的落叶中，我发现了已经长大了的小蟋蟀，与成年蟋蟀一样全身墨黑，初生时的白带子已经全褪去了。它居无定所，一片枯叶、一片砖瓦足以遮风避雨，犹如不考虑何处歇足的流浪民族的帐篷一样。

直到10月末，初寒来临，它才开始筑巢做窝。据我对因于钟形罩中的蟋蟀的观察，这个活儿非常简单。蟋蟀从不在其中的一个裸露地点筑巢，而总是在吃剩的莴苣叶遮盖着的地方做窝，莴苣叶代替了草丛，作为隐藏时不可或缺的遮檐。

蟋蟀工兵用前爪挖掘，利用其颚钳挖掉大沙砾。我看见它用它那有两排锯齿的有力的后腿蹬踢，把挖出的土蹬到身后，呈一斜面。这就是它筑巢做窝的全部工艺。

一开始活儿干得挺快。在我的囚室的松软土层里，两个小时的工夫，挖掘者便消失在地下了。它还不时地边后退边扫土地回到洞口。如果干累了，它便在尚未完工的屋门口停下来，头伸在外面，触须微微地颤动着。休息片刻之后，它又返回去，边挖边扫地继续干起来。不一会儿，它又干干歇歇，歇息的时间也越来越长，我观察的劲头儿也随之减低了。

最紧迫的活计完成了。洞深两寸，目前已够用了，余下的活计费时费力，得抽空去做，每天干点。天气日渐转凉，自己的身体在渐渐长大，巢穴得逐渐加深加宽。即使到了大冬天，只要天气暖和，洞口有太阳，也能常常看见蟋蟀在往外弄土，说明它在修整扩建巢穴。到了春光明媚时，巢穴仍在继续维修，不停地修复，直至屋主去世为止。

4月过完，蟋蟀开始歌唱，先是一只两只羞答答地独鸣，不久便响起交响乐来，每个草丛里都有一只在歌唱。我很喜欢把蟋蟀列为万象更新时的歌唱家之首。在我家乡的灌木丛中，在百里香和薰衣草盛开之时，蟋蟀不乏其应和者：百灵鸟飞向蓝天，展放歌喉，从云端把其美妙的歌声传到人间。地上的蟋蟀虽歌声单调，缺乏艺术修养，但其纯朴的声音与万象更新的质朴欢快又是多么和谐呀！它那是万物复苏的赞歌，是萌芽的种子和嫩绿的小草能听懂的歌。在这二重唱中，优胜奖将授予谁？我将把它授予蟋蟀。它以歌手之多和歌声不断占了上风。当田野里青蓝色的薰衣草如同散发青烟的香炉迎风摇曳时，百灵鸟就不再歌唱了，人们只能听见蟋蟀仍在继续低声地唱着，仍在庄重地歌颂着。

现在，解剖家跑来啰唆了，他粗暴地对蟋蟀说："把你那唱歌的玩意儿让我们瞧瞧。"它的乐器极其简单，如同真正有价值的一切东西一样；它与螽斯的乐器原理相同：带齿条的琴弓和振动膜。

蟋蟀的右鞘翅除了裹住侧面的皱襞而外，几乎全部覆盖在左鞘翅上。这与我们所见到的绿蚱蜢、螽斯、距螽以及它们的近亲完全相反。蟋蟀是右撇子，而其他的则是左撇子。

两个鞘翅结构完全一样，知道一个也就了解了另一个。我们来看看右鞘翅吧。它几乎平贴在背上，但在侧面突呈直角斜下，以翼端紧裹着身体，翼上有一些斜向平行细脉。背脊上有一些粗壮的翅脉，呈深黑色，整体构成一幅复杂而奇特的图画，形同阿拉伯文天书。

鞘翅透明，呈淡淡的棕红色，只是两个连接处不是如此，一个连接处大些，三角形，位于前部，另一个小些，椭圆形，位于后部。这两个连接处都由一条粗翅脉围着，并有一些细小的皱纹。第一处还有四五条加固的"人"字形条纹；后一处只是一条弓形的曲线。这两处就是这类昆虫的镜膜，构成其发声部位。其皮膜的确比别处的细薄，是透明的，略呈黑色。

那确实是精巧的乐器，比螽斯的要高级得多。弓上的一百五十个三棱柱齿与左鞘翅的梯级互相啮合，使四个扬琴同时振动，下方的两个扬琴靠直接摩擦发音，上方的两个则由摩擦工具振动发声。所以，它发出的声音是多么雄浑有力啊！螽斯只有一个不起眼的镜膜，声音只能传到几步远的地方，而蟋蟀有四个振动器，歌声可以传到数百米以外。

蟋蟀声音亮度可与蝉匹敌，而且还不像蝉的叫声那么沙哑，令人讨厌。更妙的是，蟋蟀的叫声抑扬顿挫。我们说过，蟋蟀的鞘翅各自在体侧伸出，形成一个阔边，这就是制振器；阔边多少往下一点，即可改变声音的强弱，使之根据与腹部软体部分接触的面积大小，时而轻声低吟，时而歌声嘹亮。

只要是不爆发交尾期间本能的争斗，蟋蟀们便会在一起和平相处。但在求欢者们之间，打斗是家常便饭，而且互不相让，但结局倒并不严重。两个情敌相互头顶着头，互相咬脑袋，但它们的脑壳是一顶坚硬的头盔，能够顶住对方铁钳的夹掐，只见它俩你顶我拱，扭在一起，然后复又挺立，随即各自离去。战败者逃之夭夭；得胜者放开歌喉羞辱对方，然后转而柔声低吟，围着情人轻唱求欢。

求欢者很会搔首弄姿。它手指一勾，把一根触须拽回到大颚下面，把它蜷曲起来，用其唾液作为美发霜在其上涂抹。它那尖钩状、镶着红饰带的长长的后腿，焦急地跺着，向空中蹬踢着。它因激动而唱不出声来。它的鞘翅在急速地颤动着，但却不再发出声响，或者只是发出一阵零乱的摩擦声。

求爱无果。母蟋蟀跑到一片生菜叶下躲藏起来。但是，它还是微微撩起门帘在偷看，而且也想被那只公蟋蟀看见。

> 它向柳树丛中逃去，
>
> 但却在偷窥着求欢者。

两千年前的一首牧歌就是这么温情地唱颂的。情人间打情骂俏到处都一个样儿！

朗格多克蝎的家庭

在解决生活中的问题时求助于科学书籍收获是不大的，这时候，应孜孜不倦地与事实进行探讨，这比藏书丰富的书橱有用得多。在许多情况下，无知反倒更好，脑子可以自由思考，无先入为主，不致陷入书本所提供的绝境。我刚刚再一次地体会到了这一点。

一篇解剖学论文，而且还出自大师之手，告诉我，朗格多克蝎9月份有家庭之累。唉！我要是没翻阅这篇论文该多好！至少在我们地区的气候条件下，朗格多克蝎的繁殖期要大大地早于论文中所说的月份。不过，好在我没太受这篇论文的影响，要不然我傻等到9月份，那就什么也看不到了。我苦苦地观察了三年，简直等得人困马乏，心灰意冷，但还是没有看到我预想中非常有意思的那个场景。环境并无异常，可我却莫名其妙地坐失良机，白白地浪费了一年时间，我简直都想放弃对这个问题的研究了。

没错，无知可能有益；抛开老路，可以发现新东西。我们的著名大师之一从前曾这么教导过我，他就不怎么相信已知的课本知识。有一天，巴斯德① 未事先通知，突然按响我家的门铃，就是那位很快就将闻名遐迩的巴斯德本人。我当时已深知其名了。我早就拜读过这位学者的有关酒石酸不对称结构的大作了，也怀有浓厚的兴趣一直关注着他对纤毛虫纲生殖问题的研究。

每个时代都有对科学的奇思妙想。我们今天有进化论，而那个时代却有自生论。巴斯德凭借自己人为决定其有菌无菌的烧瓶，按照自己那严谨而简单的绝妙实验，把一个无理的谬论给彻底推翻了，依据这一谬论，腐败物内部的一种冲突性化学反应可以激发出生命来。

我知道那个被巴斯德成功地澄清的有争论的问题，所以我极其热情地欢迎了这位著名的来访者。他跑来找我，最主要的是想请教我几个问题。我能享有这份实不敢当的荣幸，应归功于我乃物理和化学上的同行身份。唉！我只不过是他的一个小小的、默默无闻的同行罢了！

巴斯德巡视阿维尼翁地区的目的是了解养蚕业。几年来，各个养蚕场一片惶恐，被一些搞不清的灾害弄得凋敝不堪。蚕宝宝们无缘无故地就发生溃烂，继而变硬，成了一些石灰膏壳的蚕仁硬皮豆。蚕农们手足无措，眼看着自己的一项主要收成化为乌有，付出这么多心血和钱财，落得个把一屋一屋的蚕扔进肥料堆去的下场。

我们就猖獗的灾害进行了一番交谈，谈话开门见山。

"我想看看蚕茧，"来访者说，"我还从来没见过蚕茧，只是知道其名而已。您能帮我弄一些来看看吗？"

"这很好办。我的房东就是经营蚕茧生意的，我们门对门。请您稍等片刻，我去给您弄一些来。"

<hr>

① 巴斯德（1822—1895）：法国著名的化学家，微生物学的奠基人。

我三步并作两步地跑到邻居家里。我把衣服口袋里装满蚕茧后回来了，把蚕茧拿出来给大学者看。他拿起一个，在手指间翻过来掉过去地观看，那份好奇劲儿，犹如我们在看一件来自天涯海角的奇异物品。他在耳边摇了摇。

"还响哩，"他极为惊讶地说，"里面有东西。"

"当然有。"

"什么东西呀？"

"蚕蛹。"

"什么，蚕蛹？"

"是一种木乃伊似的东西，幼虫在里面逐渐变化，最后变成蝴蝶。"

"在所有的蚕茧里面都有这个东西吗？"

"当然，蚕吐丝结茧就是要保护蛹的。"

"啊！"

他没再说什么，就把蚕茧装进衣兜里去了，大概留待空闲时去探究蚕蛹这个重大的新生事物。他这种胸有成竹的非凡自信令我惊叹。巴斯德不了解蚕、茧、蛹变形的知识，却前来为蚕谋求新生。古代的体育教师们出场表演时是一丝不挂的。我们的这位与养蚕业灾害做斗争的神奇勇士同他们一样，奔向角斗场时也是赤身裸体的，也就是说他对欲救其出灾难的那种昆虫连最起码的常识都没有。我为之惊讶不已，而且远胜于此，我感到为之叹服。

对下面的问题我就不怎么惊奇了。巴斯德当时还关心一个问题，就是通过加温提高酒的质量的问题。他突然转换话题说道："带我看看您的酒窖。"带他看我的酒窖？我那寒酸的酒窖？凭我那当教师的微薄薪水我连酒都喝不起，所以我常常抓把红糖和苹果丝放进一只坛子里发酵，为自己弄点酸不溜丢的劣质苹果酒喝喝！我的酒窖！要看我的酒窖！何不看看我的一桶桶陈年佳酿呀！我的酒窖！那还能叫酒窖吗？！

我感到狼狈不堪，一再地支吾躲闪，试图转换话题。但是他却不肯罢休，说道："请您带我看看您的酒窖。"

他这么一个劲儿地坚持，我也就没法拒绝了。我用手指指了指厨房角落里的一把没有椅垫的椅子，上面放着一只容量有十二升左右的大肚坛子。

"我的酒窖，那就是，先生。"

"这就是您的酒窖？"

"我没别的酒窖了。"

"都在这儿了？"

"唉！是的，都在这儿了。"

"啊！"

他没再说什么。学者没有发表任何看法。看得出来，巴斯德并不了解这种平民百姓称之为"疯奶牛"的口味重的菜肴。如果说我的酒窖——那把旧椅子和拍着空空响的大肚坛子——没就利用加热来抑制发酵的问题发表看法的话，那它却雄辩地谈到了我那位赫赫有名的来访者似乎并不懂得的另一件事情。一种微生物逃过了他的眼睛，而且是最可怕的微生物中的一种：扼杀坚强意志的厄运。

尽管出现了酒窖这令人扫兴的插曲，但我仍对他那镇定自若的自信深为叹服。他一点儿也不了解昆虫的蜕变；他这是生平头一次看到一只蚕茧，并获知这只茧里有点东西，那是未来蝴蝶的雏形；我们南方农村小学一年级的小学生都知道的事他却全然不知；然而，这个问了一些莫名其妙的问题的大专家，不久将让养蚕场的卫生状况发生了翻天覆地的变化；同样，他也将使医药和公共卫生产生革命性的变化。

他的武器就是思想，不拘泥于细枝末节而凌驾于全局之上的思想。对他来说，变形、幼虫、若虫、蚕茧、蛹壳、蛹虫以及昆虫学的数千种小秘密有什么要紧的！在他思考的问题中，不知道这一切也许更好一些。这样，他的思绪就能更好地保持其独立见解，大胆的腾飞；其行动摆脱了已知的东西的羁绊，将会更加自由。

受到巴斯德摇动蚕茧细听后的惊讶神态这绝佳范例的鼓励，我便立下了一个信条，把无知的这种方法运用在我对昆虫本能的研究上。我很少看书。与其用翻阅书本这种我力所不能及的费时耗力的办法，与其向别人讨教，倒不如自己坚持不懈地与我的研究对象亲密地接触，直到让它们开口说话。我什么都不清楚。这样反倒更好，我的探询也就更加自由，可以根据已获知的启迪，今天从这个方面去探究，明天则进行反向思维。如果我偶尔翻开一本书，我便有心地在自己的思绪中留下一个向怀疑大大敞开的空间，因为我所开垦的土地上长满了蒿草和荆棘。

因为未曾这么去做，我已差点儿浪费了一年的时间。当时因过于相信书本，我在 9 月之前，没想过朗格多克蝎家庭的出现，可我却在 7 月里无意之中发现了这个家庭。实际日期与预见的日期之间的这段差距，我把它归之于气候差异造成的：我今天是在普罗旺斯进行观察，而曾为我提供信息的雷翁·迪弗尔则是在西班牙进行观察的。尽管这位大师是权威，我还是应该多存个疑问的。但我没有这么做，以致差点儿坐失良机，幸好，那普通的黑蝎子以前并不是这么告诉我有关它的家庭的。啊！巴斯德不知蚕蛹是怎么回事真是太好了！

普通黑蝎子比朗格多克蝎个头儿小，且比后者安静，我一直把它们养在一些小的大口瓶中，放在我工作室的桌子上，用作参照的蝎子。这些普通的瓶子不占地方，也便于观察，所以我每天都要看看它们。每天早晨，在开始往记录本上记录情况之前，我总要掀起点为它们藏身用的硬纸板，看看头天夜里有什么状况。在大玻璃笼子里天天这么观察就难以办到，因为大玻璃笼子里有许多的小格间，必须颇费周折，大动干戈才能逐一地进行检查，而且检查完之后再恢复原状也不容易。而用小的大口瓶装黑蝎，检查起来就易如反掌了。

有一天，我眼前一亮，突然看到母蝎背着一群小蝎。那是7月22日早晨6点钟光景的事。我在掀开硬纸板遮盖物时，竟然发现一只黑蝎妈妈背上背着一群小蝎，仿佛背脊上披着一件白色短披风。我顿感一种温馨、甜蜜、满足，而这种时刻是观察者隔好久好久才能遇上的。我生平头一次亲眼看见黑蝎妈妈背着自己小宝宝们的弥足珍贵的场面。黑蝎妈妈是刚分娩的，大概是头天夜里的事，因为头一天它身上还是光溜溜的。

接二连三的好事在等待着我：第二天，又有一只黑蝎妈妈披上了一件白色短披风；第三天，又有两只黑蝎妈妈同时披上白色短披风。总共是四只。这比我所奢望的要多。有四个黑蝎家庭做伴，再加上几天的安静日子，我可以说是颇觉生活甜蜜了。

特别是好运接踵而至。当我一发现小的大口瓶中有了重大收获之后，我便立刻想到大玻璃笼子，我在思考朗格多克蝎是否会像黑蝎一样早熟。我顿生感悟，赶紧跑去查看。

笼中的二十五片瓦都翻开来了。大获丰收！我都一副老骨头了，但我此刻却立即觉着硬化的血管里有二十岁的年轻人的热流在涌动。在二十五块瓦片中的三块下面，我发现了有蝎妈妈一家。有一只的孩子们已经长大了，有约一个星期大了，这是我后来连续观察才弄明白的；另外两只是刚分娩不久，就在头一天的夜里，这从蝎妈妈的大肚子下面还精心地保留着的一些残留物可以看出来。我们一会儿将要看一看这些残留物是怎么一回事。

7月逝去，8月、9月也过去了，我再没有收获到什么。因此，两种蝎子的生育期都在 7 月下旬。7 月份过去之后，一切都结束了。然而，大玻璃笼子里面养的那些蝎子中，还有一些母蝎同已经给我生过蝎宝宝的母蝎一样，肚子大大的。我原指望它们能给我添丁，因为种种表象都让我这么期盼着。冬天来了，它们中谁也没有满足我的愿望。看上去马上就要实现的事情却拖到了来年，这再次说明妊娠期很漫长，特别是在低等生物中，这种情况十分罕见。

我把每只母蝎及其蝎宝宝移到能够仔细观察的狭小容器里。早晨我去查看时，发现头一天夜里分娩的那些蝎妈妈肚子下面又藏着一部分小宝宝。我用一根草尖把蝎妈妈拨开来，在那堆尚未爬上母亲脊背的小宝宝中发现了一些东西，把我从书本上学到的有关这一问题的那一点点知识彻底地推翻了。据说，蝎子属于胎生，这种说法虽颇有学问但缺乏准确性。实际上蝎子宝宝并非一生下来就是我们所熟知的那个样子。

而这一点是讲得通的。如果小宝宝伸着钳子，张开爪子，蜷起尾巴，你让它怎么能够进入母蝎的通道呢？这种碍手碍脚的小宝宝永远也通不过母亲那狭窄的通道的。所以它出生时必须紧裹着，少占空间才行。

在母蝎腹下发现的残留物确实是一些卵，一些与解剖妊娠很长时间的卵巢所见到的卵一模一样。小宝宝紧缩成米粒状，以节省空间，尾巴贴在肚皮上，双钳回收胸前，足爪紧紧地贴于腰侧，这样一来，这椭圆形的小宝宝就可以顺顺当当地滑出来了。它额头上有墨黑的点，那是它的眼睛。小宝宝悬浮于一滴透明的液体中，此刻那液体就是它的天地，它的大气层，外面由一层精巧的薄膜包裹着。

那些残留物确实是一些卵。分娩刚结束时，朗格多克蝎有三四十个卵，而黑蝎的卵则要稍许少一些。我去查看时已经太晚了，只赶上个结尾。

但是，所剩无几的卵也足以坚定我的看法。蝎子实际上是卵生的，只不过其卵孵化得非常之快，母蝎刚一产下卵来，小宝宝便破卵而出了。

那么，小宝宝是如何孵出的呢？我有得天独厚的特权亲眼看见这个过程。我看见蝎妈妈用大颚尖小心翼翼地挑起卵的薄膜，把它撕破，扯下，然后把薄膜吞下。在给小宝宝剥胎衣时，蝎妈妈倍加小心，犹如温柔慈爱地舔食胎衣的母羊和母猫。尽管工具很粗糙，但宝宝的细皮嫩肉上没有任何伤痕，也没伤筋动骨。我简直是惊呆了：蝎子是最先把近乎我们人类的母爱传给自己的孩子的。远在植物区系出现的远古时代，第一只蝎子出现时，生儿育女的那份爱心就已经在酝酿之中了。如同休眠状态的种子的卵，如同当时爬行动物和鱼类已经拥有的、不久之后又将为鸟类和几乎全部的昆虫所拥有的卵，已经是一种极其微妙的有机体的等同体了，已成为高等动物胎生现象的前兆了。生命的孵化已不在各种事物的危险重重的外部或内部进行，而是在母体的腰间腹下完成了。

生命的进化并非循序渐进的，并非从低级到高级，再从高级往最高级。进化是跳跃形式的，有的时候在进步，有的时候却在倒退。大海有潮起潮落。生命也是一种大海，比水的大海更加高深莫测，它也有过潮起潮落。

它还将会有潮起潮落吗？谁能说它有？谁又能说它没有？如果母羊不想法用嘴唇把胎衣剥下并吞食掉，羊羔就永远无法从胎盘中出来。同样，蝎宝宝也要母亲的帮助。我就看见过一些蝎宝宝被黏膜粘住，在已经撕破了的卵囊中拼命地扭来扭去，怎么也挣脱不出来。必须有母亲的那一下撕咬，才能让宝宝彻底解放。认为宝宝在解放的过程中也起着作用，那也是错误的。宝宝软弱无力，虽然它的出生袋子像洋葱片内壁的皮膜一样细薄，但它就是挣脱不开这层细薄的皮膜。

雏鸡喙尖上有一个临时的硬茧，是供它破壳而出时啄壳用的。而蝎宝宝为了节省空间，是蜷缩成米粒状的，它死死地等待着外援。一切都得由蝎妈妈去完成。蝎妈妈努力地完成着自己的工作，分娩中附带排出的东西也全部被它清理掉，甚至包括那些随之而出的未受孕的卵也被清理干净了，一点碎衣破片都见不着了，全都回到蝎妈妈的胃里去了，而产卵时占用的那块地方也都干干净净的。

蝎宝宝现在一个个被收拾得干干净净，欢蹦乱跳的。它们通体雪白。从头至尾，朗格多克蝎宝宝长九毫米，黑蝎宝宝长四毫米。随着产后清洗完毕，蝎宝宝们一个一个地往蝎妈妈背脊上爬去。它们沿着妈妈的双钳缓缓地往上爬。蝎妈妈把双钳贴地，以利于宝宝们攀登。宝宝们一个个紧紧挨挤着聚在一起，并无队形，但却在妈妈背上留下了一个覆盖层。它们凭借自己的小细爪子牢牢地攀附在上面。我用毛笔尖把它们扫下来而又不想碰伤这些细皮嫩肉的小家伙，还颇费了些工夫哩。蝎妈妈背着小宝宝们时，双方谁都一动不动，这正是进行实验的好时机。

身披蝎宝宝们组成的白色短披风的蝎妈妈是值得关注的一景。蝎妈妈一动不动，尾巴高高地翘卷起来。如果我把一根麦秸移近蝎子一家，蝎妈妈立即恶狠狠地竖起双钳，这种凶相只有在自卫时才显现出来。它竖起双臂做拳击状，钳子大张着，随时准备还击。它的尾巴翘着，挥动着，这在平时是难得一见的；尾巴不能突然放平，否则会带动背脊，也许会把背上的小宝宝们甩下一些来。拳头竖起就足以威胁敌人的了，那架势既勇猛，又突然，又威武。

我对此并不觉得好奇。我拨弄下来一个小宝宝，把它移至其母面前一指远处。蝎妈妈好像并不在意这个事故；它原先一动不动，现在仍纹丝不动。掉下去几个小家伙有什么可大惊小怪的？小家伙会自己想法摆脱困境的。掉下去的小蝎子举手蹬腿，紧张焦急，然后突然发现妈妈的一只钳子就在自己面前，于是便迅速爬上去，回到了兄弟姐妹们中间。它就又骑到妈妈身上，但动作笨拙得要死，与狼蛛的孩子们相去甚远，后者一个个都是高空杂技的好手。

实验又开始了，规模更大。这一次我拨弄下来一部分小蝎子，小家伙们散落一地，但相距并不太远。它们迟疑不决了挺长一会儿。正当它们不知如何是好，在转来转去的时候，蝎妈妈终于害怕会有不测了。它用我称之为胳膊的两只钳式触角合抱成半圆，搂住自己面前的沙子，把迷途的孩子们搂到自己的面前来。它干这种活儿时笨手笨脚，做得很粗糙鲁莽，根本没考虑会不会把宝宝们压碎。母鸡轻轻一声召唤，跑开的鸡雏们就立即回到自己的怀前膝下；母蝎却是用耙子一耙，把孩子们给耙回面前来的。但是，掉下去的小蝎子们全都安然无恙。它们一回到妈妈面前，便立即往它身上爬去，又聚集在妈妈的脊背上了。

即使并非自己的孩子，蝎妈妈也会像是对待自己亲生子女似的接纳它们。如果我用毛笔尖把一只蝎妈妈背上的蝎宝宝全部或部分地扫下来，弄到另一只蝎妈妈伸手可及的地方，后者也会把它们耙到自己面前，如同对待自己的亲生儿女似的，而且心甘情愿地让这些新来的小宝宝爬到自己的背上去。它好像把它们"收养"下来了，如果"收养"一词不算过分野心勃勃的话。"收养"谈不上，那是狼蛛的事，因为它分不清自己的孩子和别人家的孩子，所以凡是在自己爪子前面爬动的小狼蛛它都全都接受。

我经常看到在地中海一带的常绿灌木丛中有母狼蛛背驮着小狼蛛们在散步，我一直也期盼着看到母蝎也这样驮着小蝎子们溜达。然而，母蝎并不了解这种消遣方法。一旦当了妈妈，母蝎有一段时间就不再外出了，即使晚上，其他人都外出嬉耍的时候，它也不出门。它把自己禁锢在自己的小屋里，不吃不喝，一心想着抚养子女。小宝宝们也确实弱不禁风：可以说它们必须经历第二次出生。它们正一动不动地在准备着第二次诞生，它们对此已经熟悉，就像由幼虫蜕变为成虫一样。尽管小蝎与成年蝎外貌挺相像，但轮廓线条却不够清晰，仿佛是透过雾气看到的。我怀疑它们得脱去身上的衣服才能变得矫健，变得威武。

　　它们这第二次"出生"必须一动不动地待在母蝎背上一个星期。这时，"弃皮"（我不敢称之为"蜕皮"）完成了。这个过程之所以被称为"弃皮"，是因为这与真正的蜕皮有所不同，真正的蜕皮以后还要经历许多次的。真正意义上的那几次蜕皮，是在胸廓上裂开一道缝，成虫从这唯一的一道裂缝中脱颖而出，把原先的空壳旧衣裳扔掉。这空壳的形状与刚从中爬出来的蝎子一模一样，二者惟妙惟肖，难分伯仲。我们现在所看到的则完全是另一码事。我在一块玻璃片上放上几只正在弃皮的小蝎子。它们一动不动地待着，好像颇受煎熬，几乎支持不住了。外皮破裂，无特殊的破裂线，是同时在左右前后破裂的；足爪从护腿套中伸出，双钳抛开护手甲，尾巴抽出尾鞘。浑身的碎皮同时纷纷落下，像一堆破衣烂衫。这是一种杂乱无章的斑驳脱落。这之后，小蝎才有了蝎子的正常外貌。此外，它们的行动也敏捷灵活了。尽管仍旧呈苍白色，但它们已蹦跳自如，急忙下地，跑到蝎妈妈跟前跑动，玩耍。最让人惊讶的进步是它们突然间长大了。朗格多克蝎的小蝎子通常身长九毫米，可它们现在就已经有十四毫米长了。黑蝎的小蝎子身长从四毫米长到六七毫米。身长增加了半倍，体积增加了将近两倍。

　　在对这种突然增长感到惊讶之余，我就在寻思这种突然增长的原因何在，因为小蝎子尚未吃过任何食物。体重却并未增长，反而下降了，因为扔掉了一层外皮。体积增大，但质量未增。因此，这是一种一定程度的膨胀，与热处理的毛坯物体的膨胀相仿。由于体内产生了一种变化，把生命分子聚集成空间更大的结构体，所以虽无新的物质加入，体积却增大了。

我想，谁如果有极大的耐心并配备有一套合适的器械，就能够观察到这种结构的急速变化，从而获得某些有价值的材料。我才疏学浅，无此能耐，就把这道难题留给他人吧。

小蝎弃掉的外皮是一些白色条状物，一些上了光似的碎布片，它们并不掉落在地上，而是紧贴在蝎妈妈的背部，特别是附着在足爪根部附近，缠成一块柔软的毯子，刚弃皮的小蝎子就栖息其上。坐骑现在已披上马衣，骑手们坐在马上无须害怕身体摇晃。这层破衣烂衫做成的结实鞍辔为骑手们提供了把手足镫，任由它们上上下下，动作敏捷灵活。

当我用毛笔轻轻一拨，小蝎子们便纷纷落马，好玩的是它们又非常迅速地纵身上马，稳坐其上。它们抓住马衣垂条，尾巴做杆，纵身一跃，上得马来。这种奇异的马衣是真正的攀登绳梯，方便了小蝎们迅速上马。它很结实，不会破裂，差不多可以使用一个星期，也就是说用到小蝎脱离蝎妈妈的保护为止。

这时，小蝎体色显现：肚腹和尾巴染上了金黄，钳子如半透明的琥珀般晶莹。青春使一切变得美丽。小朗格多克蝎确确实实非常美丽动人。如果它们一直像现在这种样子的话，如果它们不很快就配备咄咄逼人的毒刺的话，它们就会是稀罕宠物，大家都会乐意喂养它们的。它们心中很快便升起了摆脱母亲监护的强烈愿望。它们很乐意爬下母亲的脊背，在附近疯玩乱耍。如果它们跑得太远，蝎妈妈便要呵斥它们，用双臂耙在沙土上划拉，把它们聚拢起来。

在小憩之时，蝎妈妈与宝宝们的那副架势犹如母鸡带着鸡雏们憩息一样。大多数小蝎子都在地上，紧挨着蝎妈妈；有几只待在白马衣那舒适的坐垫上。有的小蝎子在蝎妈妈尾巴上爬高，攀上螺旋峰的高处，像是在饶有兴趣地居高临下地观看脚下的小蝎子群。突然间，又有新的杂技演员登场，把它们赶下高峰，取而代之。每个小蝎子都想看看这观景台到底是怎么回事。

大部分家庭成员都围在蝎妈妈的身边，一个个不停地拱动着，钻在妈妈肚子底下，蜷缩着，额头露在外面，两只小黑眼睛闪烁着。最爱动弹的小家伙则喜欢妈妈的足爪，那是它们的体育器材，在上面做高空杂技训练。然后，歇下来时，大家便又往妈妈背脊上爬去，找好位置，坐定下来，不再动弹，妈妈及孩子们全都不动了。

小蝎子成熟和准备离开妈妈的监护的这个时期持续一个星期，正好是不进食体积扩大两倍那个奇特增长期的时间。一窝小蝎子待在蝎妈妈背上半个来月。母狼蛛驮着自己的小宝宝们长达六七个月，而小宝宝们虽然不吃不喝，却精神头儿十足，动弹个不停。蝎妈妈的小宝宝们在获得新生与灵活的蜕变之后，至少要吃点什么吧？蝎妈妈是否会邀请它们与它一道用餐？它是不是给它们留着自己的美食中更软嫩的佳肴？蝎妈妈谁也不邀请，它什么也没留着。

我给蝎妈妈放进一只蚱蜢，是我从我觉得适合小蝎子们稚嫩的胃的小野味中挑选出来的。当母蝎毫不关照自己的孩子们，独自在细嚼慢咽那只蚱蜢时，一只小蝎子从其背上爬下来，伸出头去往下探看，想弄明白妈妈在干什么。它用爪尖触及妈妈的下颌；突然，它吓得连忙后退。它走开了，这是明智之举。正在津津有味地咀嚼的妈妈根本不会给它留下一口的，也许反倒会一把抓住它，毫不心疼地把它吞食掉。

蝎妈妈在吃蚱蜢脑袋，又一只小蝎子已经吊在了蚱蜢的尾部。小蝎子在轻咬轻拽蚱蜢，想吃上一点。最后，它未能如愿，因为这个部位太硬了。我也见过一些这样的情景：如果蝎妈妈稍加关心，给小宝宝们一点吃的，那小宝宝们会很高兴享受一下的，特别是给的食物很适合它们那稚嫩的胃的话，然而，蝎妈妈只顾自个儿吃，其他的一概不管。啊，我那让我度过美妙时刻的漂亮的小宝宝们呀，你们可怎么办呢？

你们是想离家出走，去远处寻觅一些很不起眼的小虫子。我从你们焦急乱窜的样子便看出这一点来了。你们要逃离自己的母亲，而它也不再认你们了。你们长得已很健壮，是该各奔东西了。

如果我十分了解你们适合吃什么样的小活食，如果我时间充裕，可以为你们去寻找，我会很高兴地继续喂养你们，但不是把你们继续养在你们出生的玻璃笼子里的瓦片下，跟大人们混在一起。我了解那些老家伙，它们容不下别人。那些老妖怪会把你们吃掉的，我的小宝宝们。甚至你们的母亲也不会放过你们的。在你们母亲的眼里，从今往后，你们就被视作陌路人了。来年，婚俗季节，你们那嫉妒成性的母亲们在干完好事之后，就会把你们吃掉。该离去了，小宝宝们，三十六计走为上。

否则，我让你们住在哪儿？怎么喂养你们？我们最好还是分手吧！尽管我心中不免有点惆怅。过几天，我把你们送到你们的领地撒放出去，就是那个多石的山坡地，那里太阳可暖和啦。你们在那儿会找到一些伴儿的，它们同你们一样刚刚开始成长，但它们已经在自己的小石块下独立生活了，那些小石块有时只有指甲盖儿那么大。在那里，你们比在我家里更能学会如何为生存而进行艰难的抗争。

作者年表

　　1823 年　　12 月 22 日，生于法国南方阿韦龙省圣莱昂村一户农民家中。

　　1826 年　　父母为减轻家中负担，将法布尔送到祖母家生活。

　　1829 年　　回到父母身边，进入村里的小学读书。

　　1832 年　　随全家迁到本省的罗德兹市居住，后法布尔家又几度迁居。法布尔为生活所迫，曾独立出门打工谋生。

　　1837 年　　考入沃克吕兹省阿维尼翁市师范学校。

　　1841 年　　从阿维尼翁市师范学校毕业。到同省的卡庞特拉中学任教，从此开始了长达二十年的教师生涯。这年法布尔立志从事昆虫学研究。

1844 年　　与一女教师结婚。

1846 年　　获取学士、硕士学位。被批准到科西嘉岛的阿雅克肖市中学担任教师，教授数学和物理。

1850 年　　回到阿维尼翁市，继续担任中学教员。

1853 年　　以两篇论文《关于兰科植物节结的研究》《关于再生器官的解剖学研究及多足纲动物发育的研究》获自然科学博士学位。在《自然科学年鉴》上发表《节腹泥蜂习俗观察记》。

1856 年　　发表关于鞘翅昆虫变态问题的研究成果。获得法兰西研究院颁发的实验生理学奖金。

1865 年　　6 月，结识法国微生物学家巴斯德，两人结下深厚的友谊。巴斯德从法布尔那儿了解到蚕的变态过程，为他以后攻克蚕瘟打下了基础。

1869 年　　被法国政府任命为勋级会会员，受到拿破仑三世的接见。

1870 年　　法布尔全家迁至沃克吕兹省奥朗日市居住。此后五年中他主要撰写自然科学知识读物。

1875 年　　带领全家迁至乡间小镇塞里尼昂居住。

1878 年　　出版《昆虫记》第一卷。

1879 年　购买塞里尼昂附近荒地上的一所旧宅，取名为"荒石园"。此后法布尔在"荒石园"中不知疲倦地从事昆虫学研究，《昆虫记》一卷接一卷地出版。

1910 年　4 月 3 日，在《昆虫记》第十卷出版之际，法布尔的朋友们在"荒石园"为他举行庆祝会，法国政府及国内外各学术团体也派代表前来参加。法国科学院授予法布尔一枚金质奖章，瑞典斯德哥尔摩皇家学院授予法布尔一枚林奈奖章。法布尔获诺贝尔文学奖提名。

1913 年　10 月 14 日，法国总统庞加莱访问法布尔，赞扬法布尔为昆虫学研究所做出的贡献。

1915 年　10 月 11 日，法布尔因病去世，遗体被安葬在"荒石园"的树林之中。

图书在版编目（CIP）数据

昆虫记 / (法) 让-亨利·法布尔著; 陈筱卿译. --
成都: 四川文艺出版社, 2019.8
ISBN 978-7-5411-4991-7

Ⅰ.①昆… Ⅱ.①让… ②陈… Ⅲ.①昆虫学—普及
读物 Ⅳ.① Q96-49

中国版本图书馆 CIP 数据核字 (2019) 第 128807 号

KUNCHONGJI

昆虫记

[法] 让-亨利·法布尔 著

陈筱卿 译

出 品 人	刘运东
特约监制	王兰颖
责任编辑	李 博
特约策划	王兰颖
责任校对	汪 平
特约编辑	马春雪　苗玉佳
封面设计	仙 境
封面插画	恩恩呀、

出版发行　四川文艺出版社（成都市槐树街 2 号）
网　　址　www.scwys.com
电　　话　028-86259287（发行部）　028-86259303（编辑部）
传　　真　028-86259306

邮购地址　成都市槐树街 2 号四川文艺出版社邮购部　610031
印　　刷　北京市松源印刷有限公司
成品尺寸　145mm × 210mm　　　　开　本　32 开
印　　张　8　　　　　　　　　　　字　数　190 千字
版　　次　2019 年 8 月第一版　　　印　次　2019 年 8 月第一次印刷
书　　号　ISBN 978-7-5411-4991-7
定　　价　39.80 元